金‧錢
整‧理

只要收拾
存摺、冰箱和另一半，
錢會自然
流向你

市居愛 著　林詠純——譯

• 本書未標示幣值之金額，皆以台幣兌日圓約一：〇·二八之匯率，換算為新台幣。

目錄

第1章

整理皮夾——皮夾反映你的心

- 「今天」的皮夾創造「未來」的存款
- 厚厚的皮夾，到底都裝些什麼？
- 皮夾只放五張卡
- 皮夾是危險場所？
- 皮夾變亂的徵兆
- 小鈔放在前面會破財
- 請不要輕視零錢
- 確定卡片與錢幣的固定位置
- 整理皮夾後，吉田太太的改變

第4章
整理記事本——寫下三件事，就存得了錢

第5章

整理負債——七天內一口氣整理好

- 每個月零零總總的扣款
- 整理「看不見的花費」
- 利息的真面目
- 戰勝負債的兩種障礙
- 房貸利率一旦決定就不能改變？
- 貸款還剩多少？
- 成功減少房貸，怎麼辦到？
- 與銀行協商的技巧
- 現在立刻取消「循環信用」

第6章 整理住家——越住越有錢的三法則

第7章

整理老公——他花錢的「原因」是什麼？

〈推薦序〉

不起眼之處，常有想不到的財富

施昇輝

在這個「薪資凍漲，物價飛漲」的年代，除非你投資理財非常順利，否則還是要從降低物欲，節省開銷著手。這本書最有趣的地方，不是在教你「節省」，而是教你透過「整理」，可以再找出一些放在不起眼的地方，因此你幾乎已經忘記它存在的錢。

很多不起眼的地方，是因爲它散落各地，或是視而不見。

前者就像很多人都有很多本存摺，但眞正常用的卻沒幾本。那些很少動用的存摺裡的錢，或許加一加就有好幾千、好幾萬元。後者就像放在桶子裡的硬幣，倒出來說不定也有讓人驚喜的數額。

對於前者，我和作者的做法一樣，就是把不用的存摺通通領光結清；對於後者，我喜歡把它們拿去加值捷運悠遊卡，或是去附近購物，盡量帶硬幣出門。

不過，請千萬不要把整理出來的這些錢都當做意外之財，然後隨便把它花掉。

另一個不起眼的地方是發生在「每天只要ＸＸ元」的廣告中，比如買保險、參加會員，以及任何的綁約交易，結果買了重複的保險、買了根本參加不了幾次的會員資格，或是買了很多用不到的功能。這些都是比較大的花費，我們卻迷失在看起來不多的每日平均金額上。

「積少成多」原本是指「儲蓄」，其實何嘗不能同時用在「消費」上？有些東西雖然看起來不是錢，卻是多餘的，拿出來用，可以省錢，例如冰箱裡放了很久的食物。

或是例如家裡已經不用、以及那些買了卻從來都沒用過的東西，把它上網賣掉，可以變現一些錢。

對於一向追求簡單生活的我來說，這是一本讀來莞爾，又心有戚戚焉的好書。

我曾說理財有三部曲，分別是存錢、投資，和花錢。但這本書的作者提醒我還有一件該好好做的事，就是「找錢」。

從哪裡下手呢？就從每一個不起眼的地方開始吧！

（本文作者爲樂活投資達人、理財暢銷作家）

〈推薦序〉

零雜物後，啓動金錢整理

Phyllis

我家從二〇一一年起，就已邁入「零雜物」的境界。

老實說，除了一些必須汰舊換新的衣物、不小心放到過期的調味品，和缺乏保存價値的書報雜誌之外，能整理的東西十分有限。不過在抽屜深處，一直有盒讓我提不起勁去處理的東西。

以前還是上班族時，每次換工作總會多出一個薪資轉帳戶頭。久而久之，各色存摺累積了有十幾本，但因爲不太占位置，我也就拖拖拉拉地沒去理會。讀完書稿後，我立刻想起這疊十幾年沒刷過的舊存摺，而且打算一鼓作氣地著手減量。

我先打了一輪客服電話，確認中華商銀變成了匯豐，慶豐變成了元大，寶島變成了日盛，然後利用兩天半的時間，到六家銀行辦理了七個戶頭的結清和銷戶手續。原以爲各個戶頭裡，大概只剩下一些ATM領不出來的零錢，沒想到加一加竟然也有九千多元！當下不免覺得自己得到了一筆意外之財。

清掉舊存摺的感覺很棒，於是我又進一步檢視了幾張按月扣款的帳單。我發現，網路連線費的綁約期限正好到期，便打了電話去詢問有無續約優惠。一問之下，新的年繳方案可省下上千元，還同時加送現金禮券。如果少打這通電話，我應該會按原始合約，以較高的金額被持續扣款吧。

拜本書之賜，才短短三天我就「賺」到了上萬元。

想當然耳，我又加碼整理了記帳本。平日我會用手機APP記帳，但長期下來流於形式，因此我決定接受作者的建議，在自己慣用的「奇妙清單」上設定了領錢、買菜、買貓食的固定頻率和日期，並按過往的平均消費金額確實地分配預算。比起毫無限制地缺了就補，現在這種採買方式讓我感覺踏實了許多。

我想，我應該會持之以恆地執行下去。也衷心希望大家都能藉由這本書，學會如何透過整理金錢來整理人生。附帶一提，我誠心盼望有天也能和大家分享「整理老公」的心得，不過這個難度太高，或許需要一輩子的時間吧！哈哈。

（本文作者爲整理達人、《零雜物》作者）

序　章

金錢有「通道」

金錢「通道」雜亂無章，難怪沒錢

「啊，皮夾裡已經沒錢了……必須找到ＡＴＭ才行。」

「晚餐要吃什麼呢……冰箱裡什麼都沒有……」

「咦？這個月錢不夠……錢都花到哪裡去了？」

「信用卡帳單寄來了，我有辦法在到期之前繳清嗎……」

直到六年前，這些都還是我腦中的自言自語。關於金錢的煩惱，也不是可以大聲跟別人討論的事情。

如果跟別人坦白自己沒有錢，就像跟別人坦承自己的生活不檢點一樣。就連老公工作的公司破產時，我也絕對不能跟別人說「我們家沒錢」。

但是，六年後的現在，我已經沒有任何金錢上的不安。因爲我發現，沒有錢的眞正原因是：**金錢的「通道」雜亂無章**。

同時我也發現，**只要將雜亂無章的通道仔細整理，錢財就會逐漸增加**。
或許有些讀者會在心裡懷疑：「爲什麼光是這樣就能讓錢財增加呢？」
但是我可以充滿信心地解開各位的疑惑。
只要收拾、整理雜亂無章的金錢通道，就能改善金流，顯著增加財產。
這麼一來，人生也會開始翻轉。

漏財，是指什麼樣的狀態？

請想像家裡亂七八糟的情形。
地板上到處都是雜物，連站的地方都沒有。
走進玄關之後，常穿的鞋與不常穿的鞋混在一起隨便亂放，全部擠成一堆。你把脫下的鞋子胡亂塞進狹窄的縫隙，往走廊前進。

走廊上的物品散落一地，有洗衣籃、包包、小孩的書包以及脫下的襪子。你小心避開這些東西，走向客廳。

客廳的地板上，也擺著不知道什麼時候買的雜貨、不會再翻閱的雜誌、紙袋、報紙等各式各樣的東西，同樣沒有地方可以站。

廚房裡永遠堆著準備要洗的餐具。

不管再怎麼整理，老公還是順手拿出新的杯子就不收回去，小孩也依然玩具玩一玩就擺在那裡……

生活在這樣的環境當中，你逐漸失去收拾與打掃的力氣，**亂七八糟的狀態最後也變成「平常的狀態」**。

房子整體的能量（氣的流動）也停滯下來。

在這種狀態下，行動不會順暢。

也因此引發壓力累積、專注力下滑、效率低落、運氣變差的惡性循環。

也就是說，在這間房子裡好的能量無法聚集。

金錢也一樣。

金錢有各式各樣的「通道」。

首先是**皮夾**。這是金錢出入最頻繁的通道吧！

接著是**存摺**。薪水會進到這裡，房租及水電費則從這裡流出。

最後是**冰箱**。乍看之下會覺得與金錢沒有什麼關係，但其實與伙食費密切相關。我們在超市買的食材會放進冰箱裡，最後做成料理端出來。冠上「餐費」的金錢，就這樣在冰箱裡來來去去。

如果不整理這些金錢的通道，**新鮮的錢就無法進來，無謂的花費也會不斷地流出**。

此外，如果太過散亂，也察覺不到原本應該存在的金錢。

就像房間亂七八糟會使「氣場渙散」，**金錢的通道雜亂無章也會「漏財」**。

不能把亂七八糟的狀態當成「平常的狀態」。請把不要的東西撿起來、收拾好，透過整理改善金錢的流向。

留意「通道」而不是「存款餘額」

我以前也經常面臨沒錢的不安。儘管我從早到晚拚命工作，還是完全存不了錢。就算有錢進來，也會有幾乎同額的款項出去。

這種情況下當然沒有存款。

我每天都在哀嘆：「爲什麼自己沒有錢呢……」

後來，我重新檢討了自己面對金錢的態度與方法，最後我發現一件事。

我只在意自己「沒有錢」，卻完全不在意金錢的「通道」。

沒有錢這個事實頂多只是結果，不是造成結果的原因。在思考原因的時候，我發現自己不重視金錢出入的過程，也就是本書所謂的「金錢的通道」。我覺得這樣不行。

這時候，老公的公司突然在某天破產了。

我接到通知的那一瞬間，腦中湧現了房貸、車貸、信用卡帳單、保險、小孩的學費、通訊費等每月必須支付的金錢。缺錢的恐懼感排山倒海而來。

當時的我，又因為育兒與工作兩頭忙太過勞累引發梅尼爾氏症（天氣一冷就天旋地轉，且會出現眩暈、耳鳴和低頻聽障等症狀），所以預定在三個月後辭去當時的工作。我們面臨到夫妻帶著孩子失業的現實，身心都被逼到絕境，未來一片黑暗。

但是，即便身處黑暗當中，我也試圖看向那一點微光，所以我開始把注意力擺在金錢的通道上。

亂糟糟的皮夾與搞不清餘額的存摺

首先映入眼簾的是**皮夾**。

皮夾每天都有金錢出入，但我完全不清楚裡面有多少錢、放了那些卡。

我把皮夾裡的東西全部掏出來後，才發現**集點卡的張數遠比鈔票還要多**，而且幾乎全都是沒有兌換過的卡片。錢被埋在堆積如山的集點卡中，擠在狹窄混亂的皮夾裡，彷彿陷入無法呼吸的痛苦狀態。

「這樣實在稱不上珍惜錢財……」我心裡這麼想，所以把原本亂放的鈔票，依照千元、五百元、百元的固定順序，由前而後重新排好。

我爲了**讓自己每次打開皮夾都能看到大鈔**，而**把大鈔擺在最前面**。打開皮夾看到的不是百元而是千元鈔，這個小技巧能讓自己對金錢更感恩，自然會減少浪費錢的行爲。

我也**嚴格挑選出過去兌換過的卡片擺進皮夾裡**，並且決定每張卡片的擺放位置，使用後一定會放回原位。

至於**收據和發票我全部都丟掉**，讓自己把注意力擺在金錢未來的流向，而不是過去使用的歷史。

接著我注意到**存摺**。

當時的我總共有八本存摺，包括小時候存壓歲錢的存摺、學生時代使用的外幣存摺、開始上班之後使用的銀行帳戶存摺、支付保險費的郵局帳戶存摺等。

這些幾乎都是好幾年沒動過的靜止帳戶。

我連每個存摺的餘額都搞不清楚了，這樣怎麼可能掌握錢的去處呢？

於是，我決定把**使用的存摺精簡成一本**，讓自己看這本存摺就能知道所有的支出與收入。

這麼一來，之前好幾次嘗試記帳失敗的我，**只要有了這本存摺，就根本不需要記帳**了。

我著手整理了從前未曾注意過的皮夾與存摺之後，開始覺得：**或許我不是沒有錢，只是因為這些錢散落在四周，所以我看不見罷了**。

就像把亂七八糟的房間收拾乾淨，就能住起來舒服，心情舒暢一樣，把金錢通道整理整齊，福氣自然也會上門，不是嗎？

亂七八糟的皮夾。

好幾本帳戶存摺。

如果把這些金錢出入的通道，整理地清爽簡潔，就能避免浪費，開始存錢。

我不再注意「沒有」錢的地方，著手整理了「有」錢、金錢「通過」的地方，像是**皮夾**、**存摺**、**冰箱**、**記事本**、**負債**、**住家**，還有**老公**。如此一來，我逐漸看清楚問題所在，也了解該如何改善才能開始存錢。我也藉由整理一個個的金錢通道，產生了「只要行動就能辦到」的自信。

結果三個月後，所有對於金錢的不安都消失了。我自己也對此感到驚訝。

除了賺錢之外，金錢整理更重要

朋友們看到我顯著地消除了對金錢的不安，也開始想要試著「金錢整理」。

我首先召集八位朋友，從互相報告今天的皮夾狀況、冰箱狀況、負債狀況開始。譬如：「我今天沒有打開皮夾」「我剛剛去跟銀行協商還款」等。我們使用手機中的LINE，彼此報告當天的行動。此外也拍攝照片，互相展示自己的成果，像是：「我今天把冷凍庫剩下的蔬菜用光了」「我整理了衣櫃中的洋裝」等。

有時候看到很棒的整理成果會覺得欽佩、有時候會因爲自己的沒用而消沉。即使如此，大家還是在彼此鼓勵當中，逐漸迷上整理金錢的通道。

此外，我也開始在已經展開的「女性創業支援」課程中，告訴學員除了賺錢之外，金錢整理更重要。創業或開設才藝教室需要金錢，雖然想要試著創業，卻一想到錢的事情就頭痛……這樣的人非常多。

我覺得只要整理金錢的通道，就能改善這些問題。

就這樣，我爲了讓許多女性了解「金錢整理」的重要性，開始擔任理財顧問。

而找我商量金錢問題的人，至今已經超過三千五百位，也就是說，我成功釐清三千五百個家庭的財務問題。

擔任全職主婦的松本綾香，原本因爲每月光是支付必要花費就已經捉襟見肘而相當煩惱。

她整理的金錢通道是存摺。他們夫妻兩人原本共有十三本存摺。本來既不會理財也不會存錢的她，只不過整理存摺，一年就成功省下超過六萬五千元。

雙薪家庭、興趣是做料理的藤本聖子，問題則出在冰箱。她會製作手工醬汁與果醬放進冰箱裡，所以裡面沒有保存期限的謎樣瓶罐，其實多達二十瓶左右。

此外，她製作的料理量也很多，擺了好幾天的剩菜最後消失在廚餘桶的日子也不少。我建議她整理冰箱與每天買的東西。結果她一年省下五萬伙食費。

對從事兼職工作的加納里香來說，負債是她金錢通道混亂的原因。十年前向銀行借的房屋貸款還剩下七百八十萬，但她對於利息機制完全不了解。

然而，她與我商量之後順利轉貸，貸款總額成功減少。

先前嘗試過好幾次記帳都失敗的人，只要留意裝錢的皮夾、放存摺的抽屜、採買的次數、冰箱的內容物等，自然就能開始有錢。那麼，她們是怎麼整理的呢？我將從第1章開始詳細說明。

懂金錢整理，數學白痴也能超有錢

只要讀了這本書，就能親身體驗三個令人感到興奮的轉變。

變化一：輕易就能管理金錢

記帳總是半途而廢、討厭節約、害怕數字……這樣的人只要整理好金錢的通道，也能開始掌握什麼時候、有多少錢進出。

你能夠制定保持理想狀態的簡單規則，不需要再對金錢有各式各樣的煩惱。這麼一來就能夠從被帳單追著跑、被「沒錢」壓得喘不過氣的狀態，轉變爲只把錢花在自己想要的事物上，感受到「有錢」的喜悅的狀態！

變化二：不再把錢浪費在沒有用的東西上

整理好皮夾與存摺，就能培養出分辨必要與不必要的金流的能力，能夠停止、調整流向買太多吃不完的食材、因爲缺乏知識而付太多的房貸利息、受百貨公司廣告吸引而買下的衣服、沒有計畫性地給孩子的零用錢……等「莫名其妙」之處的金錢。

變化三：財富開始累積

這些不必要的花費轉換成以存款的形式累積。你開始有了皮夾裡有錢，存摺中的存款逐月增加的實際感受，而你可以親眼看見這些變化。本書也將介紹許多我輔導過的金錢整理成功案例。

獲得存錢能力的你，人生的選項變多，也獲得自由。你開始對各式各樣的事物產生好奇心，能量也逐漸湧現。這樣的你想必能夠享受每天的生活，也對未來產生自信。

其實你不是沒有錢，只是因爲錢到處散落，所以才會看不見。你會覺得沒有錢，是因爲金錢的通道上堆滿了許多不必要的東西。只要把通道整理乾淨，名爲「金錢」的能量就會開始流動。

「不，我是眞的沒有錢」或許有人會這麼說。

這也無所謂。當你逐漸往下閱讀本書，就能發現從前未曾察覺的潛意識中的自己，並且實際感受到自己不是沒有錢，而是不但**有錢**，還能**賺錢**。

整理金錢的通道是件非常愉快的事情。因爲整理完之後，你的身上就會開始發生各種愉快的變化！

不需要面對數字。

只需要把通道收拾整齊。

請對自己即將湧現的能量懷著期待感，往下前進吧！

我希望各位整理的金錢通道總共有七個，接下來會一一告訴各位具體的整理方法。本書的目的是鼓勵你採取行動。當面臨對金錢的不安時，希望你可以打開這本書，回想自己瑣碎的習慣與意識。

我希望你採取改變自己的行動。就算只採取一個行動，你的人生也會確實改變。接下來，就讓我們展開翻轉人生的金錢整理計畫吧！

第 1 章

整理皮夾

皮夾反映你的心

「今天」的皮夾創造「未來」的存款

錢財每天出入的**皮夾**，就是最容易散亂的金錢通道。

首先必須整理的通道就是皮夾。因爲皮夾就像一面鏡子，反映出你的其中一種花錢方式。

皮夾亂七八糟的人，存摺與卡片的使用方式通常也很隨便，總是在不知不覺間採取「算了，隨便吧」的態度，所以常常會產生多餘的花費。以前的我就是這樣。

相反地，**皮夾整理得簡單清爽的人，通常也會珍惜錢財**。使用存摺與卡片時也有自己的原則，生活簡單，只買眞正需要的物品就能滿足。

有些人或許會覺得這樣的事情理所當然。道理大家都懂，但是眞正把皮夾整理得簡單清爽的人卻出乎意料地少。請你試著回想自己皮夾裡面的東西。

你能夠立刻說出皮夾裡有多少錢嗎？

你能夠答得出會員卡的張數，以及每張卡片的發行店家嗎？

你的皮夾裡是不是有一堆亂七八糟的收據和發票呢？

如果無法好好回答這些問題，請立刻整理皮夾吧！光是這麼做，就能減少不必要的花費，並且開始存錢。

就像今天吃下的食物會影響自己數年後的身體狀況，今天使用皮夾的方式，也會對自己數年後的經濟狀況造成影響。

厚厚的皮夾，到底都裝些什麼？

那麼，就讓我們實際整理皮夾吧！

我在進行關於金錢的諮詢時，首先會這麼問：「可以讓我看看你的皮夾嗎？」

聽到我這麼問，幾乎所有人都會有點抗拒。這也是理所當然，畢竟讓別人看自己的皮夾是一件難為情的事情。

每個人都是一邊苦笑，一邊把皮夾從包包裡拿出來。

「我的皮夾裡完全沒有錢……」

「這個皮夾已經用好幾年，所以看起來髒髒的……」

「裡面有很多亂七八糟的收據和發票……」

大家說出來的話都很負面。

雖然也有極少數的人在拿出皮夾時，帶著笑容說：「我不久前才剛換新皮夾，所以看起來很乾淨。」但絕大多數的人把皮夾拿出來的時候都略低著頭，甚至還有人一邊嘆氣。

吉田惠是兩個小學生的媽媽，也是一位全職家庭主婦。她從包包裡拿出了一個裝得鼓鼓的皮夾。

這個皮夾竟然有八公分厚！裡面裝了什麼呢？首先映入眼簾的是以集點卡和點券爲主的卡片，這些卡片總共有三疊。不是三張喔，是三疊，每疊大約有二十張。而且因爲一個地方放不下，所以這三疊卡片分別占據了三個空間。

我被這樣的情景嚇到，但她拿出皮夾時，嘴裡說的卻是「裡面沒有錢……」，而不是「不好意思，卡片太多了……」

她似乎對於卡片的數量沒有什麼自覺。

我請她把皮夾裡的東西全部拿出來，所以她就把皮夾裡的東西全部攤在桌面上。

這時，她才終於開始對卡片的數量感到驚訝。

「我竟然有這麼多張卡片……」

桌上有六張超市折價券、兩張圖書禮券、四張信用卡、兩張提款卡、一張健保卡與八張醫院的掛號證、四張運動用品店折價券、三十二張超市集點券、孩子送的折紙護身符、好市多會員卡、除毛美容院會員證、需要繳年費的手工藝品店會員卡……

她收在皮夾裡的卡片總數竟然多達六十四張。她不管去到哪裡，都隨身帶著這六十四張卡片。

這種狀態下，不要說挑出需要隨身攜帶的卡片或是優惠的卡片了，就連皮夾裡有多少錢都難以掌握。

這正是「金錢的通道雜亂無章」的狀態。

缺乏秩序、亂七八糟的皮夾，只會浪費時間與金錢。

打開皮夾發現沒有錢，才匆忙跑去ＡＴＭ。在點數四倍日也找不到最重要的會員集點卡。因爲皮夾裡的現金太少而意志消沉……

大家或許會覺得這些都是小事，但每天小小的混亂卻會成爲引發重大問題的原因。

事實上，她不只存不了錢，還每個月都被帳單追著跑，家用一直入不敷出。這樣的狀態必須整理才行。

皮夾只放五張卡

我請吉田太太把皮夾裡的東西拿出來之後，以極度精簡皮夾爲目標，將卡片分爲以下五種，並且規定皮夾裡每一種的張數。

・信用卡……一張

・集點卡……三張

・折價劵……〇張

・提款卡……〇張

・身分證明文件（駕照之類的）……一張

將原本多達六十張以上的卡片精簡成少少的五張，再加上不放提款卡，對她來說幾乎是不可能的任務。

但是，在我分別根據這五種類別進行如下說明之後，她也認同了這個方法，並且一下子就把皮夾的內容去蕪存菁。

接下來，就讓我分別進行具體的說明吧！

信用卡一張就夠

如果我說：「讓我們把信用卡精簡成一張吧！」得到的回答通常都是「怎麼可能！」吉田太太也不例外。

最近在商店辦會員卡時，店員通常會建議申辦能夠累積消費點數的信用卡吧？在銀行開戶的時候，行員也會建議申辦有信用卡功能的卡片。

如果我們因為想要點數而辦了一張又一張的信用卡，皮夾裡擺個三、四張也不足為奇。

像這樣在未經思考的情況下申辦信用卡，辦得越多其實風險越高，得到的獎勵也越少。

讓我們分別從**點數**與**信用**兩個角度來看這件事。

首先是**點數**。

我從結論說起，**信用卡請從使用頻率高的店家中，挑選出點數累積最有**

效率的一張。

舉例來說，經常在網路上購物的人，就選擇樂天卡或亞馬遜卡等網路商店的卡片；經常搭乘交通工具移動、常去旅行的人，就選擇捷運聯名卡或全日空卡等交通工具類的卡片；經常購買食品、日用品的人，則可辦理永旺卡或7-11卡等超市類的卡片。

信用卡的點數雖然因卡片而異，但基本上採取的都是**越常在發行卡片的商店消費，就能累積越多點數的機制，而這些累積的點數可以換取該企業的商品或服務**。

舉例來說，假設我們選擇的這張卡片是每消費三十元，可以換取點數一點的「樂天卡」。

如果每個月的餐費是一萬五千，一年的餐費就是十八萬，而使用樂天卡，每年就能累積相當於六千點的點數。

日用品則在樂天市場網路商店大批購買。如果每個月的日用品費用是三千，一年就需要三萬六千。而在樂天市場使用樂天卡，每消費三十元可以獲得二點的點數，因此日用品就能累積相當於二千四百點的點數。

除此之外，如果每個月約六千的水電費、包含手機費用在內共七千的通訊費、六千的保險費、三千的油錢……等支出如果都使用樂天卡支付，每年支付的約二十六萬五千元費用，則能累積相當於八千八百點的點數。

經由這樣的計算，餐費、日用品、水電費等支出所儲存的點數，總共相當於一萬七千二百元。

光是**把花費集中在一張信用卡上**，就能自動省下這麼多錢。

附帶一提，我認識一對夫妻，兩人都有全日空卡，他們每年都會使用累積的點數去關島旅行。有目的的使用累積的點數，也比隨便亂用獲得的喜悅更大。

接下來，是關於把信用卡精簡成一張的另一個理由——**信用**的說明。

各位知道如果遲繳卡費，這筆資料就被一個叫做信用情報機關❶的機構記錄下來嗎？當你想向銀行貸款（譬如房貸）的時候、或是在買車或買手機時想要使用分期付款的時候，銀行會請這個機構調查你是否是個可以信賴的人。

經常遲繳卡費的人，貸款可能無法下來。事實上，無法通過房貸審查的人，似乎很多都是遲繳卡費的人。

如果有多張信用卡，就很難掌握每一張卡片的帳單費用，也無法想像自己花了多少錢。帳戶餘額不足也容易犯下遲繳卡費的失誤。爲了避免發生這樣的事情，將信用卡精簡成一張是比較聰明的做法。

此外，**很多信用卡只有第一年免年費，隔年開始就必須繳費**。所以我建議各位立刻把不用的卡片剪掉。

會員卡精簡成三張

你的皮夾裡放了幾張商店的會員卡呢？

最近不只超市，就連藥妝店、家電量販店、便利商店、美容院等各式各樣的商店都有會員卡。多家商店通用的會員卡也年年增加，或許有人每次只要被店員推薦，就會辦一張新的會員卡也不一定。

但是請等一下。店家推薦你辦卡的目的，是爲了吸引你一次又一次的光顧，並且掌握你的購買行爲。

「我有這家店的會員卡，那就去這裡吧……」結果就帶著無所謂的心情走進原本不會去的店。能夠使用點數還算好，但如果是不常去的店家，通常也累積不了多少點數。

會員卡越多，光顧的店家也會變得越多，但每一家店累積的點數都沒有多少。浪費的情況也會因此增加。

前面提到的吉田太太因爲會員卡太多，所以不會在固定的店家消費，而是到處亂跑。

❶相當於台灣的金融聯合徵信中心。

但她的會員卡幾乎都沒有兌換過。消費的商店分散，累積的點數當然也會分散，最後點數就在不知不覺間過期了。

爲了斬斷這樣的惡性循環，整理皮夾、精簡會員卡的張數就變得很重要。

那麼，該怎麼精簡成三張呢？

首先，將皮夾中的卡片全部拿出來，**從中挑出在過去「一年內」曾經將點數兌換成現金或是商品的卡片**，接著再從中選出使用頻率最高的三張。

之所以把期限訂爲「一年內」，是因爲商店會員卡的有效期限多半只有一年。所以，如果一年內沒有使用過該卡片的點數的印象，就可以定義爲不必要的卡片。

至於精簡成「三張」的理由，則是因爲如果只有一或二張，可能不足以應付各種不同的場面，反之，如果多達四張以上，又會因爲點數分散而得不到優惠。

皮夾被卡片塞得鼓鼓的吉田太太喜歡購物。這個行爲本身不是壞事，但缺乏計畫才是問題。

她常去的超市有好幾間，並根據當天的行程決定去哪一間。她不會在每周固定的日子購物，而且還經常根據當下心情購買巧克力或洋芋片。

她辦了每一間超市的會員卡，但無論哪一張超市的卡片都沒有累積多少點數。

另一方面，我有一位朋友，每周固定一天去A超市採買食材，每月固定在B藥妝店採買洗髮精等日用品。

她一年累積的點數總計竟然多達四千二百元。她拿這些點數去換購自己喜歡的化妝品。

請你打開皮夾，回想一下哪三間店是真正常去的，除了這三間店的卡片之外，其他的卡請全部丟掉。

像這樣把皮夾整理地整齊清爽之後，就能精簡消費的店家，購物也會變得有計畫。這樣不僅可以減少不必要的浪費，點數累積的效率也會提高。

信用卡也好、商店的會員卡也好，都只保留常去的店家的卡片即可。我們不是爲了獲得點數而花錢，而是**先決定好花錢的地方，再取得「點數」這項優惠**。

最重要的是把錢用在哪裡、讓能量流到哪裡。皮夾裡只放入眞正使用的卡片，就能把金錢的通道整理得簡潔。

不要保留折價券

看完前面關於會員卡的說明，各位應該能夠想像不要保留折價券的理由了吧？沒錯，如果有折價券，就會無條件地前往該店家，而這往往會增加不必要的花費。

折價券是浪費的開關，會讓我們前往原本沒有必要去的商店，買下原本沒有必要買的東西。這樣的行爲不但沒有占到便宜，反而還吃了大虧。所以請現在立刻丟掉所有的折價券吧！

不要放提款卡

接下來是提款卡。

每個人聽到我說「不要隨身攜帶提款卡」時，都嚇了一大跳。因爲大家的皮夾裡，通常都會有一、二張提款卡。

如果我問：「爲什麼需要提款卡呢？」得到的答案通常是：「有時候帶的錢可能不夠，所以要帶著提款卡以防萬一。」

但是這個**「以防萬一」的想法會妨礙增加財富的能量**。

人類是意志力薄弱的生物。所以如果心裡想著「以防萬一」，就會一次又一次地允許自己去「領錢」。

懷著「沒錢就去領」的價值觀，總是隨意走進便利商店ＡＴＭ領錢的人，不會留意自己皮夾裡的錢有多少。這麼一來，就會失去用錢的計畫，導致不必要的花費增加，就算想要「把多的錢存下來……」最後也不會有錢多出來。

每年的ATM手續費也不容小覷。以日本爲例，銀行營收當中，約有五%來自跨行提款手續費。

把銀行存摺中一整年分的手續費加起來看看的話，假設每次跨行提款的手續費是五元，每月領五次，光一年的手續費每人就要多支出三百元。

不要在皮夾裡放提款卡，請配合發薪日，只在每個月的固定日子領錢。只要習慣不能隨意領錢的狀況，就會主動留意皮夾裡的現金，也不會發生因爲沒有錢而手足無措的情形。

提款卡收在家裡，只在每個月的固定日子使用。只要執行這點，對金錢的意識就會發生顛覆性的變化。「財富增加」就是這些小小的變化累積起來的結果。

身分證明文件只要一張

駕照等身分證明文件只要放一張。至於健保卡、掛號證、借書證等，請收在家裡，需要使用的時候再拿出來。

無意識地將與金錢無關的身分證明文件放在皮夾裡，皮夾很容易變得亂七八糟。這麼做會讓人很難將注意力擺在金錢上，最後連用錢的方式都會變得雜亂無章。

我在前面也提過，就像亂七八糟的房間會導致氣場渙散，雜亂無章的皮夾也會散財。

不需要因爲擔心遇到緊急狀況而隨身攜帶這些文件。健保卡或掛號證只需要在去醫院的時候再帶就好了。如果沒有健康方面的問題，就把「萬一出門的時候身體不舒服怎麼辦……」的不安擺在一邊吧！

千萬不要放收據

到此爲止是關於卡片的說明，但造成吉田太太的皮夾肥鼓鼓的原因，還有塞得亂七八糟的收據。

房間亂糟糟時，這些凌亂的東西會在無意識間帶給我們不良影響。同樣地，被收據塞得滿滿的皮夾，也有可能鑽進我們心底，在那裡創造出**皮夾亂七八糟等於沒有錢**的想法。每當我們小聲嘆息時，金錢就會吸收負面情緒，最後逐漸失去幹勁。

更重要的是，**我們無法掌握埋在收據堆裡的錢有多少，如此一來就不能有計畫地用錢**。

拿到收據或發票時，請當場丟掉，或是收進皮夾以外的地方，譬如票夾或卡片收納包就是不錯的收納空間。

回到家之後，請在當天就把這些收據或發票丟進垃圾桶，同時也把「找一天記帳」的想法一起丟掉吧！

皮夾是危險場所？

「皮夾裡一定要放大鈔。」

當我這樣告訴大家的時候，很多人都會回答我：「不行，擺在皮夾裡的錢，一下子就會花掉。」

吉田太太也不例外。

但其實，問題就出在這句話。

他們之所以會產生「皮夾裡不能放錢」的想法，是因爲認爲「錢是一種很快就會消失的東西」。他們覺得皮夾裡的錢一拿到手上，就會立刻被花掉，所以才不想把錢放進去。

換句話說，**皮夾等同危險場所**。

他們的皮夾裡，就像裝進了「錢會消失」的不安一樣。而塞著不安的皮夾，不可能充滿金錢的能量。

所以我才希望各位隨時都在皮夾裡放大鈔。只要習慣這種一直有錢的狀態，皮夾就不再是危險的場所，反而會變成**安全場所**。

皮夾變亂的徵兆

「就算你這麼說，我也可能一下子就把錢花掉……」大家或許會這麼想。這時讓我告訴大家一個好方法。

請把千元大鈔折成三折，從皮夾裡放卡片的地方中，選一個最顯眼的位置放進去。這張大鈔是「不能用的錢」，所以必須與「能用的錢」分開收納。

皮夾裡隨時收著這張折成三折的大鈔，保持一直都「有錢」的狀態。

萬一遇到非得動用這張折成三折大鈔的狀況，就是皮夾變亂的徵兆。

這時，就必須重新檢查皮夾中的收據和發票是否又亂塞、用錢的方式是否毫無章法。折成三折的大鈔，就像告訴我們皮夾是否整齊的**守護神**。

附帶一提，**每月一次到銀行領錢時，就要將這張放在卡片位中，折成三折的大鈔換新**。

金錢討厭漫無目的的停留在同一處。

這麼做會使能量停滯。

我們不能讓金錢的通道阻塞。

保持金流暢通是重要的意識。

就當這張大鈔是守護神，請每個月懷著感恩的心情向它道謝，重新換一張新的鈔票進去。

小鈔放在前面會破財

吉田太太習慣把鈔票擺同一個方向。此外，她也習慣把百元鈔擺在最前面，接著是五百元鈔、一千元鈔。她之所以把百元鈔擺最前面，是因爲百元鈔最常用。

但是我告訴她，**最前面不要放小鈔，而是要放大鈔**。

日文有一種表現方式叫做「把錢打散」。

意思是「換成小鈔或零錢」。

但這些「打散的錢」容易被浪費掉。

百元鈔是「打散的」五百元鈔或一千元鈔。

零錢則是「打散的」百元鈔。

越零碎的錢，越容易一不小心就花掉。

因爲比起使用大鈔，使用小鈔時比較不會有抗拒感。

如果把百元鈔擺在前面，就會意識到「錢是要拿來花的」，就算是必要性不高的東西也會掏出錢來買。

這時，就需要**把小鈔擺在大鈔的後方，讓大鈔保護它**。

舉例來說，如果從銀行領四千元出來，首先請把當成「守護神」的大鈔折成三折放進卡片位裡，接著把能夠使用的三千元收進放鈔票的地方。

假設之後用一千元購買一百元的東西，並且找回一張五百元與四張一百元鈔。請將五百元鈔放在千元鈔的後面，再把百元鈔放在五百元鈔的後面「保護」。

如果打開皮夾時最先看到的是大鈔，會比看到小鈔時更容易喚醒控制花費的自制力。

花錢的時候，請先從藏在千元鈔後面的百元鈔開始使用。

爲了避免把太多錢花在「不知道爲什麼想買」的東西上，請**試著改變鈔票擺放的順序**。光是這麼做，就能發生顚覆性的變化。

請不要輕視零錢

談完鈔票之後，接下來要聊的是零錢。這些搖起來會叮噹做響的小零錢，與安靜莊嚴的鈔票相反，在皮夾中是象徵快樂的存在。

假設收銀機後面的店員對你說「總共三百二十四塊」，而你聽到之後心想「我的零錢好像夠……」，一邊找出五十、十塊、五塊與一塊的硬幣。而零錢象徵的就是剛好湊出三百二十四時的喜悅。

有些人心裡或許會想：「幹嘛這麼麻煩……」，但是希望你能珍惜這小小的喜悅。

就像前面說的，越零碎的錢越容易被浪費掉。

零錢更是如此。

在店裡付錢的時候掏出百元鈔，收下找回的零錢。這麼做會讓人更輕視金錢的價值。因爲**大部分的人在思考皮夾裡有多少錢的時候，通常都只會注意鈔票，不去計算零錢**。

此外，也有一些人在商店付錢的時候，會因爲「不想讓後面的人等太久」而放棄拿出零錢，只使用鈔票吧？

但是，付錢是一邊與店家交流、一邊交換商品與金錢的能量的重要時間。請不要著急，放鬆心情掏出零錢，並對這段時間心懷感恩。

請不要輕視零錢。

納稅額日本第一的實業家齊藤一人先生曾說：「珍惜一塊錢硬幣的人，能夠獲得萬圓鈔的喜愛。」

一塊錢硬幣的爸爸是五塊錢硬幣，五塊錢硬幣的爸爸是十塊錢硬幣，再往上是五十、一百、五百、一千。所以，這些爸爸們會集合起來，全家一起去拜訪珍惜一塊錢硬幣的人。

換句話說，財富會聚集到珍惜零錢的人身邊。所以，不要因爲「拿出零碎的硬幣很麻煩！」就把手伸向鈔票；請懷著「應該有零錢」的心情找出硬幣。當你找到硬幣時，也請心懷感謝。養成這些小小的習慣，最後龐大的金流就會找上你。

確定卡片與錢幣的固定位置

「整理皮夾」是非常重要的一件事。最後再讓我們複習一下。

首先選出五張需要的卡片，接著將鈔票依照種類排好，最後把它們收進皮夾裡。這時的重點在於**確定卡片與錢幣的固定位置**。

每樣東西都必須有固定位置。請回想整理房間的時候，如果確立了每樣東西的固定位置，那麼只需要把用完的東西放爲原處，就能隨時保持家中整潔。

錢幣也一樣。請確定錢幣與卡片在皮夾中的固定位置，並且養成拿出來之後一定要放回原處的習慣。所以，請將用完後容易收拾當成決定位置的基本原則。

常用的卡片請放在皮夾中最容易取出的位置，反過來說，不常用的卡片放在不容易取出的位置也無所謂。

再來是鈔票，請先將「不能用的大鈔」折成三折，放進容易看見的卡片位，當成「守護神」。

接著是能用的鈔票，請將千元鈔放在最前面，五百元鈔放在中間，百元鈔放在最後面。

每個月在固定的日子去銀行領錢，領了錢之後就依照這樣的順序將鈔票收拾好，並且從百元鈔開始用。

請對所有零錢懷著敬意，即使趕時間，使用時也必須對其存在心懷感謝，付錢時盡可能付得剛剛好。

請像這樣決定好皮夾的使用規則，隨時將鈔票、零錢、卡片收拾整齊，維持在相同的狀態。

整理皮夾後，吉田太太的改變

吉田太太就這樣從六十四張卡片中選出五張，並且決定了卡片與鈔票的固定位置。原本厚達八公分的胖皮夾，搖身一變成爲寬二公分的苗條皮夾。

信用卡精簡成一張之後……

→**能夠快速累積點數了**

→**遲繳卡費的可能性減少，「信用」也能維持**

會員卡精簡成三張之後……

→**點數就能在有效期限內兌換**

皮夾裡不放提款卡之後……

→**省下提款手續費，也主動留意皮夾裡的現金**

身分證明文件精簡成一張之後……

→**加強了皮夾是放錢的地方的認知**

不放發票收據之後……

→**皮夾能夠維持清爽**

將折成三折的千元大鈔放進卡片位之後……

→**皮夾能夠隨時保持有錢的狀態**

↓能夠發現無謂花費變多的徵兆

將大鈔放在最前面之後……

↓喚醒控制金錢的自制力，減少不必要花費

零錢付得剛剛好之後……

↓開始珍惜零錢，把零錢花完變成是件愉快的事

把皮夾整理好的吉田太太，日後這麼對我說：「我的皮夾再也沒有變亂了！這種清爽的狀態也讓我不再心浮氣躁。」

她說的沒錯。就像把凌亂的房間整理乾淨，能夠讓內心從容，行動沉穩下來一樣；把雜亂的皮夾收拾整齊，同樣能讓心情自在，用錢的方式也會變得穩定。

皮夾是反映我們內心的明鏡。

整理了皮夾這個金錢通道，用錢的我們就能心情穩定，把注意力擺在皮夾裡「擁有」的金錢，思考金錢的使用方式，花錢時能夠根據自己的想法調整。

身體調整好，就能充滿精神的能量。

房間整理好，就能充滿氣場的能量。

皮夾整理好，就能充滿金錢的能量。

如果各位覺得「小事一件，我也做得到」，我想請大家千萬不要輕忽這個想法。

這是你的內心已經開始產生變化的證據。

重新檢視自己與金錢的關係，就能湧現想讓自己的人生更豐富的心情。

現在就請把皮夾裡的東西全部拿出來，挑選出必要的卡片，決定鈔票擺放的方式。只要下定決心，一個小時左右應該就能收拾整齊。

不需要從一開始就跨出一大步，只要跨出一小步就可以了。
首先，就從整理皮夾開始翻轉你的人生吧！

第 2 章

整理存摺

一人一本就好

你有幾本存摺？

整理好皮夾之後，接下來要整理的金錢通道是「存摺」。

「光是支付每個月的必要花費就已經讓我捉襟見肘，怎麼可能還有多餘的錢。」松本綾香如此煩惱。

她來找我商量家庭開銷周轉的問題。我受理她的諮詢，前往她家拜訪時，問了她這個問題：**你有幾本存摺呢**？

結果她回答：「兩本……不，應該是三本吧。」

「那麼除此之外，你還有其他完全不使用的存摺嗎？」

「有不少……」

她一邊說，一邊把家裡所有存摺拿出來，包含家人的在內。他們夫妻兩人的存摺全部集合起來，總數竟然多達十三本。

不使用的存摺一直沉睡在抽屜深處，就連「存在」本身都被遺忘。

存摺逐漸增加的理由有很多，結婚、換工作、搬家……等，我們在人生進入新的階段時，通常也會辦一本新的存摺吧！

但是就結論來說，**最理想的狀態是一個人一本存摺**。

我建議各位把不使用的帳戶全部解約，只留下一本存摺。

有些人聽到我這麼說，心裡會想：「我有薪轉戶的存摺，也有生活費的存摺，這些帳戶都還在用，不可能只留下一本存摺吧！」如果你也這麼想，請試著思考下列幾個問題：

- **你在那間銀行開戶的理由是什麼？**
- **你爲什麼把存摺分成好幾本？**
- **不用的存摺是不是就擺著不管了？**

如果你選擇那間銀行、把存摺分成好幾本都沒有什麼特別的理由，手邊也有靜止帳戶的存摺，你就必須認清自己的目的，從挑選銀行開始重新思考。

只要挑選一本適合自己的存摺，就能翻轉金錢增加的方式。首先，就讓我從理由與銀行該如何挑選說起吧！

以松本小姐的情況來說，十三本存摺當中，老公目前使用的存摺有四本，她自己有兩本，總共六本。

老公的薪轉戶選在有品牌安心感的三井住友銀行開戶。其他三個帳戶則分別是通訊費自動扣款用的郵局帳戶、信用卡自動扣款用的瑞穗銀行、用來支付孩子營養午餐費的湘南信用金庫。

松本小姐的帳戶則分別是兼職薪水匯入的橫濱銀行、支付孩子幼稚園費用的郵局帳戶。

十三本存摺中，完全沒在使用的共有七本。有些是同一個銀行的不同分行的存摺，有些存摺連用的印章是哪一個都已經忘記了。像他們夫妻倆這種狀態，不要說存錢，就連哪樣東西付了多少錢都無法管理。

讓存錢變簡單的存摺管理七守則

讓我來告訴各位關於存摺的七條守則。

1. **選定經常往來的銀行**
2. **存摺精簡成一本**
3. **開設綜合存款戶頭**
4. **缺錢時可運用定存借錢**
5. **沒在用的戶頭全部解約**

6. **每月最多領兩次錢**

7. **把剩餘的金額用鉛筆圈起來**

爲什麼需要實行這七條守則呢?接著就讓我來爲各位說明吧!

選定經常往來的銀行

首先是決定經常往來的銀行，將存摺精簡成一本，其他存摺則全部解約。

有些人可能會覺得把多達五本、七本的存摺精簡成一本根本不可能!太麻煩了!松本小姐也是如此。

但如果我告訴各位，只要這麼做就有可能省下一百萬，各位會怎麼做呢?

事實上，**光是決定經常往來的銀行，就有可能大幅降低貸款時的利率。**

舉例來說，假設松本小姐爲了買房而申請房貸。她在很多銀行都有帳戶，沒有哪間銀行是她特別熟稔的。所以她在申請房貸的時候，應該會去房仲建議的大型銀行吧？假設她貸款三十五年，貸一千萬，利率是二．五％。

另一方面，我有一位朋友，所有的金錢進出都只靠當地的地方銀行存摺管理❶。

老公的薪水當然是匯入這本存摺，除此之外，管理費的自動扣款、定存的累積等，也全部都靠這本存摺解決。不僅如此，他們也向這間銀行諮詢全家人的生涯規劃、購買保險或投資商品等，在這裡建立資產。這間銀行是他

❶日本的「地方銀行」係指主要營業基地是地方，而不是大城市。日本地方銀行大部分的命名都反映其基地所在，如「北海道銀行」「秋田銀行」「福岡銀行」「鳥取銀行」等。台灣目前沒有所謂的地方銀行，可設定成如住家或職場附近的銀行。

們經常往來的銀行。

最近這位朋友也向銀行申請房貸。在貸款三十五年，貸一千萬的情況下，銀行給他們的貸款利率是二．三％，比松本小姐少了〇．二％。

而且我的這位朋友具備金融知識，知道貸款利率是可以交涉的。更重要的是，她還知道**選定一間經常往來的銀行，並且與這間銀行建立長期的信賴關係，也對利率交涉有幫助**。

她於是去找房貸的融資負責人交涉利率，最後她的房貸利率從原本的二．三％降為二．〇％。

聽從房仲建議申請房貸的松本小姐，與挑選利率較低的地方銀行，並且透過利率交涉，成功將利率減少〇．三％的友人，各位覺得這兩人日後支付的金額差了多少呢？

大約差了一百萬。

每年大約相差五萬。

每月大約相差四千二百元。

換句話說，在多間都市銀行擁有戶頭，也沒有特別與某間銀行建立信賴關係的情況；與在地方銀行擁有戶頭，並且建立長達兩年信賴關係的情況相比，貸款時的利率將產生極大差異。

經常往來的銀行該怎麼挑選呢？我建議選擇當地的地方銀行或是信用金庫。我的理由是，這類銀行與都市銀行相比，具有貸款審查比較容易通過的優點。此外，挑選當地的地方銀行或信用金庫時，請將下列幾點當成條件：

- **房貸利率低**
- **房貸手續費（等費用）便宜**
- **提前還款手續費便宜**

附帶一提，所謂的都市銀行指的是總行位在大都市，但全國各地都有分行的銀行。譬如：瑞穗銀行、三菱東京UFJ銀行、三井住友銀行、里索那銀行等。其中總資產排名前三大的銀行也稱爲三大巨型銀行。

另一方面，地方銀行指的是總行位於各都道府縣，其活動與地區關係密切的銀行。至於信用金庫則是在地區紮根、展開服務的金融機關，在法律上的定義與銀行不同。

挑選銀行時，只要考慮這些貸款時的優點，並選擇容易從住家、公司前往的銀行即可。

錢不應該散亂地分散在好幾本存摺，應該決定一間經常往來的銀行，並且把錢集中到這個銀行的存摺。與銀行建立信賴關係是非常重要的一件事。存摺整齊的人，**不只夫妻，就連親子都會在同一間銀行開戶，並且與之建立長久的信賴關係**。

存摺精簡成一本

松本小姐與老公使用的存摺共有六本，她就利用這六本存摺安排開支。

「你老公會忘記或是遲繳帳單嗎？」

她聽到我這麼問，有點不好意思似地點頭回答：「會……」，我再問她：「你老公也會遲繳卡費或手機費嗎？」答案依然是：「會。」

我在整理皮夾的章節中也稍微提過，**遲繳卡費或手機費，會損及老公的個人信用資訊**。

結果將導致他無法從銀行貸款，房貸與車貸都申請不下來。

如果老公將來想要自己創業，也沒辦法向銀行借錢。

松本小姐扣繳卡費與手機費的帳戶並不是老公的薪轉戶，所以老公的薪水匯進來之後，必須再分別轉入扣繳的戶頭。

但她好幾次因為處理孩子的事情無法去銀行、或是因為把錢匯進其他帳戶，導致帳單遲繳。我調查之後發現，她老公的信用資訊已經被標上延遲的記號。

她知道這件事之後大受打擊。

擁有好幾本存摺，不僅會持續浪費時間與勞力，甚至還會讓老公失去信用。

只要建立不會犯錯的機制，就可以省下時間與勞力，也不會發生這樣的事情。如果松本小姐把「存摺精簡成一本」就好了。

開設綜合存款帳戶

選好銀行，決定將存摺精簡成一本之後，我們就要開設「綜合存款帳戶」。這是**「活期存款」「定期存款」**與**「活期儲蓄存款」**的三合一帳戶，使用起來相當方便，**一本存摺就能管理三個帳戶**。

無法存錢的人最大的問題就在於，他們要等到**錢花掉之後才試圖去掌握金錢的狀況**。

「咦，這個月花了這麼多錢嗎？這樣就沒有錢可以儲蓄了……」

「我看了信用卡帳單後嚇一跳，原來花掉了這麼多錢……」

他們總是在後悔，所以錢永遠無法增加。

另一方面，能夠存錢的人，很重視金錢的支付順序。

他們不會在付完各種費用之後，才將剩下的錢存起來，而是會在錢一進來的時候，就先爲自己存錢。換句話說，**他們在支付各種費用之前，會先付錢給自己**。

他們存錢的地方是綜合帳戶中的**定期存款帳戶**。

定期存款指的是利率比活期存款高，但存入之後在到期之前都無法領出的存款。我們也可以設定每個月將一定金額的活期存款轉爲定存，這稱爲**零存整付儲蓄存款**。

將發薪日的隔天設定爲「存入日」是重點。

這麼做可以避免因爲活期存款餘額不足而無法存入，也不會再發生因爲某個月花太多錢而無法存錢的狀況。

只要辦理零存整付儲蓄存款，就不需要再特地把錢匯進其他銀行，還能避免因爲餘額不足導致無法匯款的情況發生。

但我們也必須了解定存的缺點，那就是需要用錢的時候無法立刻領出來。

這時就需要活用**活期儲蓄存款**。

這是利率稍微高於活存、低於定存，但是**可以隨時存錢領錢的帳戶**。

我建議在這個戶頭中存入**三個月分的生活費**。

如果一個月的生活費是六萬，三個月分的生活費就是十八萬。我們先在這個戶頭裡存入十八萬，之後即使遇到生活費有困難、或是急需用錢的時候，也不必將定存解約。再者，只要有三個月分的生活費，在想要換工作或創業的時候，也能擁有三個月內生活不成問題的安心感。

活期儲蓄存款雖然不能自動扣繳水電費或管理費，但因為隨時都能提領，在遇到婚喪喜慶或突然生病等緊急狀況時也很方便。

沒有多餘的錢可以存入活期儲蓄存款戶頭的人，首先就從在活期儲蓄存款戶頭中自動累積三個月分的生活費開始吧！

我們可以像這樣分別使用「定期存款帳戶」與「活期儲蓄存款帳戶」，建立自動付錢給自己的規定。我稱這些存款為**自我儲蓄**，因為這些是有目的的為自我成長存下的金錢。

我也建議各位在習慣之後，**每三個月提高一次存入自我儲蓄的金額**。舉例來說，假設剛開始的時候每個月存入一萬五千，三個月後可以將存入金額提高二〇%，也就是增加三千，變成一萬八千。六個月後再提高相當於原本金額二〇%的三千，變成二萬一千。這麼一來，一年後就能存下二十三萬四千。

提高存入的金額也是學習珍惜金錢的機會。如果想要變有錢，就需要制定這些規則。

只要遵守規則，就能產生自信，實際感受到自己「有錢」，而且「能賺錢」。

一旦透過「自我儲蓄」體驗「有錢」的感覺，就能開始感受到自己未來的可能性。只要擁有能夠自由使用的金錢，就不再有東西能夠綁住自己，並且開始覺得自己的人生是可以選擇的。

缺錢時可利用定存借款

此外，開始定存之後，就能以較低利率向銀行借錢，稱爲**自動透支**或**自動借款**。

其利息的計算方式是將定存利率加上〇．五％，並以年利率計算。如果定存的利率是〇．〇二五％，自動透支的利率就是〇．五二五％。❷

自動透支最多可借出相當於定存九〇%的金額（台灣亦同）。

舉例來說，假設存了二百萬的定存，就可以在不解約的狀態下，以〇．五二五%左右的利率，向銀行借出相當於定存九〇%的金額，也就是一百八十萬。

日本都市銀行的信用卡貸款利率最低也要四至五%，預借現金的利率則高達一八%（目前台灣的銀行信用卡預借現金循環利率最高可達一五%），我想兩相比較之下，就能知道自動透支的利率有多低了。

「保留一定程度的存款比較安心！但是又急需一筆錢……」這時候與其選擇利率驚人的預借現金，還不如使用定存的自動透支服務利息較便宜。

孩子的教育費、父母的看護費，我們隨時都可能需要預期外的支出。譬

❷此種借款方式台灣稱為「定存質借」，利率多是採存款利率再加一．五%為借款利率。

如有時候也會遇到無論如何都必須換新車的狀況吧？

這時，只要有定存當擔保，就不需要以高額的利率借款。這是只有存錢的人才有的優惠。

沒在用的戶頭全部解約

在經常往來的銀行開設綜合存款帳戶之後，就可以將不需要的銀行戶頭全部解約。這件事情說起來簡單，卻是讓人一想到就懶惰的浩大工程。但是沒問題的。將戶頭解約比你想的還要簡單。

只要把存摺、印章、能夠確認本人的身分證明文件帶到銀行櫃檯即可辦理。

就算忘記那本存摺使用的是哪顆印章，只要有新的印章也能當場完成解約手續。

附帶一提，各位聽過**靜止戶頭**嗎？

所謂靜止戶頭，指的是長時間沒有金錢出入，銀行也連絡不到開戶者的戶頭。

事實上日本法律規定，只要五年以上沒有交易，靜止戶頭的消滅時效就會成立（信用金庫則是十年），銀行不再有義務將錢返還。換句話說，自己的錢可能變成銀行的錢❸。

話雖如此，實際上即使超過五年，銀行還是幾乎都會將錢還給開戶者。我也還沒聽說有哪間銀行拒絕開戶者重新啓動戶頭。

當發現自己的戶頭變成靜止戶頭時，請將其解約。

如果在許多銀行開戶，萬一發生什麼意外，對留下來的家人來說，繼承手續也很麻煩。他們必須帶著戶籍謄本等各種文件，到每一間銀行去辦理繼

---

❸台灣已於二〇一四年年初開始全面將靜止户轉為正常户。

承手續才行。

每月最多領兩次錢

擁有十三本存摺的松本小姐，領錢的方式也有問題。

她只要錢包裡有錢，就會忍不住花光光。

她從便利商店ATM領出的金額有時候是五千，有時候是一萬。而她只要錢包裡的錢用完就會去ATM領，所以有時候是一週領一次，偶爾也會一週領兩次。她也每個月都會把老公銀行戶頭的餘額花光光，當老公的存款餘額不足時，她就開始瞞著老公使用自己的信用卡。

結果，隔月因爲必須繳卡費的關係，當然不會有多餘的錢，一旦現金花完，又得刷卡消費。她就陷入這樣的惡性循環。

我提出的解決方法是，**首先決定每個月要用多少現金過生活，再將這筆錢分兩次從ATM領出**。

每個月只領一次也無所謂。

重點是**要在固定的日子，領出固定的金額**。

不要在便利商店領，而是要跑一趟銀行，將該月所需的現金領出來。

這麼做能夠將每個月使用的金額固定下來。

發薪日之後應該是領錢的好時機。假設每個月的發薪日是二十五號、信用卡在月底扣款，就在**隔月的一號領第一次**。

接著**在十五號領第二次**。如果第一次領出的錢還有剩，第二次只需補充必要的金額即可。

舉例來說，如果決定每個月只花一萬，可以上半月領五千，下半月再領五千。

但如果在第二次領錢的十五號時，第一次領的五千還剩下二千，那麼第二次只需要領三千即可。

這麼一來，就可以主動把每個月多出來的錢，存進「活期儲蓄存款帳戶」。有些銀行也有在指定日期將餘額自動存入的服務，可以前往櫃檯諮詢。

把剩餘的金額用鉛筆圈起來

存摺不僅可以記錄金錢的出入，也能成為類似帳本的工具，看見自己何時花了多少錢在什麼東西上，藉此管理金錢。但如果使用多本存摺，就難以做到這點。

只有在使用一本存摺管理所有的收支時，才能回頭檢討金錢流向。回顧上個月的收入與支出，也能簡單地將可以剩下的錢計算出來。

這時候，**請將收入與剩餘的金額用鉛筆圈起來**。

薪水匯進來的時候用鉛筆將金額圈起來，等到下次發薪水前也將餘額圈起來。這麼做就能透過存摺，培養對自己的帳戶餘額數字的敏感度。

不要惋惜花掉的錢，而是要感謝自己獲得的金錢與剩下的金錢。存摺也是能夠讓自己看到、感受到對金錢的感謝的工具。

整理存摺後，松本小姐的改變

實行了這七條守則的松本小姐，發生了下列改變。

決定經常往來的銀行，將存摺精簡成一本之後……

↓**將來有可能降低貸款利率**

將沒在用的帳戶全部解約之後……

↓**能夠確實掌握帳戶裡的餘額**

規定「每月只領兩次錢」之後……

↓多餘的錢能夠存入活期儲蓄存款帳戶

開始使用定期存款服務之後……

↓每月固定存錢，累積一筆可觀存款

松本小姐整理好存摺之後得到的最大變化是，開始認眞思考自己的金錢。

她把存款分散到好幾本存摺時，無法自己控制金錢，一直被錢耍著玩。不經思考地聽從他人指示把錢匯進指定戶頭，是她每天的功課。

她把存摺精簡成一本之後，開始看見金錢的流向，並且透過定期存款與活期儲蓄存款把錢存下來。

此外，她也因爲決定了經常往來的銀行，獲得更多向負責專員學習金錢知識的機會。

雖然有了存款之後，也會被推銷投資信託，但這也是另一種認眞思考金錢的機會。

金錢就是能量。

就像我們的身體需要營養一樣，我們的生活也需要金錢的能量。金錢這種養分如果只是累積在體內會弄壞身體，但對於把儲存的能量用在目標上的人來說，金錢卻能帶來成果。

在銀行也能學到關於保險與退休金的相關知識。而學習金錢的知識就是學習生活，我們可以透過關於將來的金錢學習，思考自己與家人的未來。

整理存摺需要跑好幾間銀行，一天或許不夠，但如果有三天時間應該就沒問題了。不要拖太久，一口氣處理完畢吧！

只要遵循「一人一本存摺」這個原則，成果就值得期待。請立刻試著實踐看看。

第 3 章

整理冰箱

透過一週採買清單減少伙食費

讓伙食費大幅減少的方法

找我商量金錢煩惱的人幾乎都不記帳，所以也不清楚自己花了多少錢在食物上。

其實這樣也無妨。斤斤計較花在食物上的每一分錢，每天在意一瓶牛奶的價格也很無趣。而且存下的金額與耗費的勞力不成比例。

還有一個效果更好的方法。我的客戶藤本聖子靠著這個方法，一年成功省下至少七萬的伙食費。

本章主題是「減少伙食費」，但並不是要大家少吃一點，或是忍著不要吃美食。

只要整理「某個」成爲金錢通道的地方，就能**自然**減少浪費，甚至還能讓飲食的營養更均衡。

我想大家都已經知道答案了。沒錯，這個地方就是冰箱。

金錢會在冰箱中腐壞

如果對伙食費過於漫不經心，冰箱就會亂七八糟。一年成功省下至少七萬伙食費的藤本太太，冰箱原本也是一團混亂。

藤本太太是雙薪家庭，育有兩名子女。她白天上班，傍晚下班時先繞到超市鎖定特賣商品購買，是每天的例行公事。

她每天都將買回家的食材立刻塞進冰箱裡。雖然當晚就會用到的魚、肉類通常吃得完，但蔬菜、醬料等卻幾乎都會剩下，至於吃剩的食物就會再次被丟回冰箱。而食物只要放進冰箱裡，她就會連自己買過什麼都忘記，不是下次又買同樣的東西、就是放到壞掉只好丟棄……

這是**金錢爛在冰箱裡的狀態**。冰箱這個**伙食費的通道**沒有整理，會造成無謂的花費增加、食物過多，就連家中的氣場也會惡化。

藤本太太消沉地說：「我都存不了錢……」對於這樣的她，我給的建議是：「那麼，就讓我們先從整理冰箱開始吧！」

自然降低伙食費的五步驟

整理冰箱的重點有五個。只要實踐這五個步驟，就能自然改變購買的食材量、使營養均衡、花在餐費上的金錢逐漸減少。

1. **丟掉不要的東西**
2. **擬定一週採買清單**

3. **每週兩次，在固定的日子採買**
4. **決定冰箱每一層放的食材**
5. **設置營養補充區**

接下來，就讓我們分別來看每個步驟吧！

丟掉不要的東西

首先將將冰箱裡的東西全部拿出來，分成「需要」與「不需要」。

喜歡做菜的藤本太太，接二連三拿出過期的醬料，以及就連什麼時候做的都不記得的手工食品的瓶子。

新上市的鹽味醬汁、只用過一次的韓式煎餅沾醬、只在冬天使用的柚子胡椒、過期的蠔油、用不完的壽喜燒醬汁、別人送的海苔醬與柑橘醬、忘記什麼時候做的草莓果醬、手工青醬、蒜味醬油、因爲覺得能夠讓精神變很好而買下的能量飲料等。

總數多達二十瓶。

她的冰箱幾乎成了儲物櫃。

每瓶的價錢都在一百~一百二十元左右。正因爲沒多少錢，她才會不斷重複只用一半左右就剩下來，最後一直冰在冰箱或丟進垃圾桶的循環。

我要求她主動**將丟掉的東西牢牢記住**。

只有記住丟掉的東西，才能養成在日後採買時，**好好思考這個東西是否眞的必要的習慣**。

此外，也會習慣**能夠自己做的東西就不買**。譬如：「這麼一說，我把壽喜燒的醬汁丟掉了。那就用醬油、味醂、砂糖和酒來調配吧！」

這樣就能每次都只做出需要的分量，不會因爲用不完而剩下來，或是丟進垃圾桶。

擬定一週採買清單

像這樣把不要的東西丟掉之後，接著就把一週分的食材寫出來。首先以常買的食材爲中心開始寫，試著回想上週買過的東西也可以。譬如：

・洋蔥六顆
・胡蘿蔔六根
・絞肉五百公克
・海瓜子二百公克

這就是一週採買清單，也是整理冰箱時的重要清單，請將它貼在冰箱上。

接著根據這張清單，**只補充冰箱裡沒有的東西**。

譬如冰箱裡已經有兩顆洋蔥了，所以只要再買四顆回來即可。

如果有一根胡蘿蔔，只要再買五根回來就好。

首先以一週採買清單爲基準，將冰箱整理好。至於採買的時機，等一下再說明。

採買清單也不是擬好就算了。

如果隔週剩下一顆洋蔥，就把清單中的洋蔥數量減少一顆。

其他食材也一樣。如果絞肉剩下太多，必須冰進冷凍庫，就得把多出來的分量從清單上減掉。譬如清單上寫五百公克，但最後多出二百公克，那麼隔週的清單上就只要寫三百公克即可。

剛開始或許會覺得很麻煩，但重複幾周之後，清單的正確性也會提升，最後就能把採買清單整理好。

當然，我們不會每周都買同樣的食材，但寫出來後應該會出乎意料地發現，**平常使用的食材不外乎就是那幾種**。

藤本太太也一樣，雖然每次採買時，總是煩惱今天晚餐要煮什麼、食材要買哪些，但寫出來後就意外發現，自己每週都買一樣的東西，這點令她相當驚訝。

像這樣決定一週能夠用完的食材量後，就不會再發生因爲煮太多、放到壞而必須丟掉的情形，自然也能減少垃圾量。

附帶一提，她爲自己一家四口擬出的「一週採買清單」如下。

【藤本太太的一週採買清單】

火腿二百五十公克、火鍋豬肉片五百公克、絞肉五百公克、雞腿肉五百公克、海瓜子一盒、鮭魚等魚類八片、蝦子或花枝一盒、洋蔥五顆、胡蘿蔔五根、豆芽菜一包、馬鈴薯五顆、大蔥二根、白蘿蔔一根、番茄一盒、夏天就買半顆高麗菜、冬天就買半顆白菜、菠菜一把、日本油菜一把、綠花椰菜一顆、青椒一包、牛蒡一包、杏鮑菇、金針菇、香菇、鴻喜菇、香蕉二根、蘋果二顆、其他當季水果、牛奶五瓶、雞蛋二盒、豆腐三塊、納豆六盒、油豆腐二塊、魚板、竹輪、優格八百公克、布丁或果凍三個、乾燥海帶芽、乾蝦仁、羊栖菜。

藤本太太將這份採買清單寫在卡片大小的厚紙上，護貝起來裝進環保袋裡隨身攜帶，這樣就能避免漏買。

每週兩次，在固定的日子採買

擬定一週採買清單，了解全家都吃些什麼、吃多少之後，接著再決定採買的頻率以及採買的日子。

藤本太太每天都會去超市購物，平日都在下班之後前往。如果這天工作特別累，她就會購買洋芋片、巧克力、啤酒等休閒食品犒賞自己，導致無計畫的支出增加。需要的東西與不需要的東西混在一起，讓她逐漸搞不清楚自己花了多少錢在哪些東西上。

每天購物不僅會對家用帶來負擔，也會帶給健康不良的影響。

食材與日用品的採買**每週頂多兩次**。這是我爲了避免買下不必要的東西、輕鬆減少伙食費所訂下來的獨特規則。

此外，**決定採買的日子**也很重要。**請事先將每週兩天的採買日寫在記事本上**。

我再請每天去超市的她實踐以下三條規則：

① **大量採買日訂在「星期一」**
② **補充採買日訂在「星期四」**
③ **「星期天」將冰箱裡的食材吃光**

星期一是大量採買日，根據一週採買清單進行採買。

採買的食材，舉例來說包括：蔬菜、早餐吃的培根與火腿、麵包、起司、雞蛋、牛奶、優格、常備的納豆、豆腐、乾貨、米、調味料等，以及星期一與星期二晚餐用的魚、肉。

星期三晚餐基本上是燉菜、滷菜等使用剩餘食材烹調的料理。

星期四是補充採買日。採買的食材以星期四、星期五、星期六要吃的魚、肉爲主，此外再補充牛奶、雞蛋、優格、水果等。蔬菜則除了豆芽菜與美生菜等容易爛掉的菜之外，星期一買的菜已經很充足，幾乎不需要再多買。

接著是星期天。藤本太太家在星期天多半會外出或外食，因此我請她在沒有外出計畫的星期天，盡可能吃光冰箱裡的食材。

所謂的一週採買循環，就是決定大量採買與補充採買的日子，並且將買回來的食材在一週之內全部吃完。

「我想要每天都買新鮮的魚、肉！」這樣的人同樣可以先決定大量採買日與補充採買日，其他日子則直接走向販賣魚、肉的貨架，只買魚、肉回家即可。

決定採買的頻率與採買的日子之後，就能避免自己莫名其妙走進超市。

就算收到週二特賣會的傳單，也不需要勉強自己購買。因爲如果經常受到特賣會吸引而走進超市購物，最後將會導致整體支出增加。**我們去超市不是爲了買便宜的東西，而是爲了買需要的東西。**

決定冰箱每一層放的食材

當藤本太太丟掉不必要的東西、掌握一週能夠吃完的量、決定採買的頻率與採買的日子之後，我再請她做最後一件事——**決定冰箱內食材的位置**。

藤本太太喜歡做料理，所以她的冰箱在整理之前，無論是蔬菜室還是冷凍庫都塞滿了食材。她放食材的位置沒有什麼特別的規則，只要有空位就塞進去。

所以，我請她根據冰箱的層位，決定每樣食材擺放的位置。

魚、肉等生鮮食品放在生鮮室。

事先處理好的晚餐食材、快要到期的食物等則放在最下層，提醒自己盡快吃掉。但這層必須盡可能空出來，以便把鍋子整個冰進去。

第二層放配菜的食材、或是前一天做好的料理。

第三層左邊放果醬與奶油等西式早餐的食材，右邊放味噌、海帶芽等早、晚餐都可使用的日式食材。

第四層則放啤酒、巧克力等休閒食品。

蔬菜室裡的所有蔬菜都根據顏色分門別類擺放，讓人能夠清楚看見。蔬菜的營養價值因顏色而異，如果根據顏色擺放，自然能就確認營養是否均衡。

冷凍庫則根據目的存放便當用的配菜、冷凍蔬菜、白飯與烏龍麵等主食。

冰箱裡的食材整理之後，大概表示如下。

【冰箱層位活用示意】

生鮮室：主菜（魚、肉）

最下層：事先處理好的晚餐食材、盡可能保留空間

第二層：配菜與常備菜（事先做好的料理、前一天的剩菜）

第三層：早餐食材（日式、西式）、湯的配料（味增湯等）

第四層：休閒食品空間（下酒菜、啤酒、巧克力等）

蔬菜室：根據顏色分成紅、綠、黃、白、紫、褐、黑

冷凍庫：根據目的保管便當配菜、冷凍蔬菜等

整理冰箱時最重要的原則是**食材不要放到最裡面**。

大型冰箱通常很深，所以食材很可能被遺忘在看不見的位置。爲了避免發生這種情形，請不要把食材往裡面塞，而是要擺在前方，讓所有食材的正面都能露出來。

設置營養補充區

整理冰箱時，最重要的是讓全家人都確實攝取所需營養。如果因爲太想省錢而過度減少採買量，導致營養不足，那就本末倒置了。這就和因爲太想減肥而過度節食一樣，都會讓身體變得不健康。

冰箱裡的營養均衡，就透過設置「營養補充區」來調整。

請針對剛才擬定的一週採買清單中的食材，調查熱量、蛋白質、鈣質、食物纖維、維生素等。調查時可以參考食品成分的書籍，但如果懂得使用手機營養計算APP，只要輸入清單中的食材種類與分量，就能輕易計算出裡面所含的營養素。

以我家的情況爲例，計算完一週分量的食材營養之後，發現鈣質壓倒性的不足。

我立刻在冰箱內設置「鈣質補充區」，在那裡放入起司、海帶芽、羊栖菜、櫻花蝦、芝麻等，並且也在一週採買清單中加入這些食材。

此外，我也決定每天一定要從這個補充區中，攝取三大匙以上的鈣質。

我們很難在每天料理時計算養分，但可以透過一週的採買來調整營養平衡。

如果原本應該在一週內吃完的海藻和小魚還有剩，那就是冰箱給我們的警告。冰箱透過這種方式告訴我們：「你們攝取的營養不夠均衡！」

整理冰箱後，藤本太太的改變

藤本太太整理好冰箱之後立刻出現變化。

「我養成了把想要盡早吃掉的食物移到冰箱最下層的習慣，所以能夠趁著好吃的時候把買來的食物吃完。」

她家也出現了下列這些顛覆性的改變：

① **知道自家一個星期能夠吃掉多少食物，採買的食材量減少了。**

② **決定了採買次數與日子之後，就不再買不需要的食材。**

③ **分層決定食材位置後，就不再出現食材放到壞掉或必須丟掉的情況。**

結果，原本每個月二萬的伙食費，減少到一萬四千。

每個月省下六千，一年就可以省下七萬二千。而且她不需要忍著不吃想吃的東西，輕輕鬆鬆就成功省下一筆錢。

她的腦海裡原本總是想著：

「今天晚餐吃什麼呢……冰箱裡有些什麼來著？」

「已經這麼晚了……得快點去買菜才行。」

現在，她透過整理冰箱記住了裡面的食材，不再需要花時間決定菜色，而每週採買兩次的規定，也讓她不再被時間追著跑。

空下時間的藤本太太，最近開始慢跑了。她逐漸養成了準備好晚餐的食材之後，在傍晚出門慢跑、維持健康的重要習慣。

決定冰箱裡每樣食材擺放的位置，就能調整一週的食材量。請養成在買菜回來後，將食材放進固定位置的習慣。只要做好規劃就能輕易實行，放錯位置反而還會覺得不舒服。

心動不如馬上行動！今天就把冰箱裡不要的食材全部清掉，只放新鮮、好吃的食材吧！我想只要半天就能完成。

整理好冰箱，就能同時改善金錢、時間與健康狀況。日常生活的氣場也會變得更好。

第 4 章

整理記事本

寫下三件事，就存得了錢

就算勤記帳，也存不了錢

齊藤眞宮從七年前就開始試著記帳，但她總是一次又一次的失敗。

每到年底，書店總會擺出一整排可愛的記帳本。她最喜歡懷著「今年一定要記帳！」的決心，從這些色彩繽紛的記帳本中挑選一本買下來。但她總是在三個月後放棄，剩下的頁面全都一片空白。

去年是她開始記帳的第七年，她終於記錄到最後一頁。

但她看著一年來堅持到底的結果，心理卻浮現出一個疑問：「然後呢？」

她雖然**每天都努力記帳，卻不知道該如何活用記帳的結果**。

儘管她透過記帳發現冬天的瓦斯費很高、夏天的電費很高，但她除了

「原來如此」之外沒有其他想法。

記帳本上寫的只有數字、只能看見自己把多少錢用到哪裡，到了月底也只會心想「啊……這個月也花了這麼多錢」而已，對於如何利用這些數字毫無頭緒。

留下來的沒有金錢，只有徒勞感。

原本為了避免花太多錢而開始的記帳習慣，最後甚至只會引發「這個月也花了這麼多錢＝沒有錢」的憂鬱情緒。

齊藤小姐最後似乎不想再記帳了。

我建議她停止記帳，開始**整理記事本**。

記事本是「金錢的預言書」

整理金錢最大的障礙是**忙碌**。每天光是生活就已經精疲力盡，沒有多餘的時間與心力思考關於金錢的問題。

沒有錢。

但是卻很忙。

被錢追著跑，人生的方向盤不知道握在誰的手上。

即使像齊藤小姐這樣，因爲覺得記帳似乎不錯而開始記帳的人，最後也會因爲太忙而無法持續。就算好不容易記了一年，如果不知道「然後可以幹嘛？」也只是徒勞無功而已。

記事本能夠有效地幫助你脫離這樣的狀態。

我們很少在記事本中寫下過去的行程。

記事本中寫的是**未來**的安排。

譬如：○年○月○日要見某某人、看電影、參加讀書會、做瑜珈、吃午餐……等。我們會在記事本上寫下這些未來將要發生的事情，並且透過行動化為現實。換句話說，**記事本是「預言書」**。

還有一點，**這些「行程的預定」也是「花錢的預定」**。外出需要交通費、看電影需要買電影票、去餐廳要花錢吃飯等，**記事本中也寫下預定支付的金錢**。

記事本正是金錢的通道。

如果記事本毫無計畫、亂七八糟，金錢就會只出不進。

相反的，只要整理好記事本，就能減少不必要的花費，開始累積財富。

而且記事本任誰都能輕鬆使用，不會像記帳時那樣總是懶得採取行動。

不活用這個方法就太可惜了。

寫下三件事，就能整理記事本

記事本是金錢的通道。爲了整理記事本，我會在裡面「寫下三件事情」。

1. **把行程與「金額」一起寫下**
2. **在星期天寫下錢包裡的「餘額」**
3. **把「沒有打開皮夾的日子」做記號**

把行程與「金額」一起寫下

記事本中記錄的是「預定行程」，但我會把預定使用的「金額」也一起寫下來。

○月○日　與○○一起吃午餐（五百元）

○月○日　購買春裝（五千元）

類似這種感覺。不需要寫下正確的金額，只要寫下「大約會花這麼多錢」即可。不過有時也能在事前就知道正確的金額，譬如聚餐的費用或是電影票的費用。

光是這麼做就能發生顛覆性的改變。

寫下金額後，能夠一眼看出這個禮拜可能花多少錢。如果花的錢太多，自制力就會發揮作用，讓我們推掉新的邀約。

安排行程的時候缺乏計畫，是錢一不小心就花掉的原因。如果沒有辦法控制行程，也會失去對金錢的控制力。這時候如果有朋友的婚宴等預期外支出，對家計來說更是火上澆油。

把行程與金額一起寫在記事本裡，就能看見支出，判斷日後能夠排進多少行程。

也請把日常採買寫進行程裡。即使只是每週兩次採買食材與日用品，也要寫下來。

○月○日　到超市採買（一千元）

幫孩子買衣服或鞋子的時候，也要一併寫下預定花多少錢。

○月○日　買○○的運動鞋（九百八十元）

寫下購物的預定花費，能讓預定使用的金額變得更明確。這樣就能清楚知道**預算**，避免在店裡花太多錢。

舉例來說，買運動鞋給孩子的時候，如果沒有抓出大致的預算就走進店裡，孩子想要什麼可能就會買給他什麼。

但如果決定預算，就能針對孩子想要的款式價格與我們的預算進行比較，將其結果作爲判斷的依據。

幫孩子買東西、幫老公買東西、幫自己買東西時都一樣。

「整理記事本」能夠培養對預算的感覺。

這麼一來，就更容易控制金錢。

行程結束之後再將預算金額劃掉，把實際花費記錄在下方。

其下方也**利用正負符號與數字，清楚記錄實際花費與原本預算間的差額**。舉例來說，假設原本預定在超市花五千，實際上卻花了六千，就寫下「－1000」。

寫下負號是令人不舒服的事情。因此無論如何都想寫下正號的欲望就會發揮作用，幫助我們抑制多餘的花費。

如果想要擁有豐富的人生，就必須明確知道能夠從眼前的選項中選出什

麼、放棄什麼。這個方法能夠讓我們想起行程與花費都是自己可以選擇的。將記事本當成預言書使用，就能找回自己選擇的能力，幫助我們整理金錢。

在星期天寫下皮夾裡的「餘額」

像這樣把每一項行程與預算寫進記事本之後，接下來必須在每個星期天記錄皮夾裡的餘額。

未滿一百的金額就無條件捨棄。舉例來說，假設每個月一次到銀行領出五萬，就可以這樣寫：

四月三日　四七〇〇〇
四月十日　四〇〇〇〇
四月十七日　二九〇〇〇
四月二十四日　一〇〇〇〇

大家或許會覺得了解皮夾裡有多少錢理所當然，但皮夾裡的金額出乎意料地難以掌握。鈔票總是疊在一起、零錢總是收進零錢包裡，搞不清楚有多少錢也是沒辦法的事情。有時候甚至會突然驚訝地發現：「咦？我只剩下這麼一點錢嗎？」

每週一次寫下皮夾裡的餘額，就是為了避免發生這樣的狀況。**為每個行程「擬定預算」，並且每週一次寫下餘額，就能更容易掌握自己的收支。**

在安排新的行程或是購物計畫的時候，這樣的狀態更能發揮自制力。

我之所以**把記錄餘額的工作安排在星期天，是因為隔天星期一通常是全新一週的開始**。如果你的休假日不是星期六、日，也可以在其他對你來說是「一週結尾」的日子記錄。

把「沒有打開皮夾的日子」做記號

像這樣在記事本中寫下金額之後，最後還有一個訣竅，能夠更加激發我們存錢動力。

那就是**在沒有打開皮夾的日子打圈，打星號也可以**。

這個步驟非常簡單，但卻是能夠激勵士氣的好方法。

如果一翻開記事本或月曆就看見滿滿的記號，馬上就能知道「這個月很努力呢！」而且這時候寫下的每週餘額也會減少得比較慢。

「我爲了增加記事本中的記號，去接學完才藝的孩子回家時，減少順道去喝茶的次數了。」

「只要不打開皮夾就能存錢呢！」

「爲了感受記號增加的喜悅，如果只有一站我就不坐電車，改成用走的。」

這是實踐這個方法的人的心聲。

因爲一眼就能看出自己的努力，省錢起來就更有動力。不花錢變成一件開心的事情，自然就能開始存錢。

我再介紹一個更推薦的方法。

那就是，挑戰三天不打開皮夾的**三天斷金生活**。先買好三天分的食材，然後就試著三天不花錢，讓記事本連續三天都有記號。

我曾在第3章「整理冰箱」提過，規定自己一週只能購物兩次，一次採買三、四天分的食材吧？「三天斷金生活」就是除了採買日之外，其他日子都毅然決然地完全不花錢。

請試著挑戰看看「三天斷金生活」，我想應該也能體驗到錢不減少的快感。首先試著一個月挑戰一次，習慣之後再逐漸增加頻率，挑戰兩週一次、一週一次，我想應該也能實際感受到財富不斷累積的喜悅。

寫下「領錢的日子」

我會把從銀行ATM領錢的日子寫進行程裡。

我不會隨意走進銀行或便利商店領錢，因爲**領錢對我來說是重要的行程**，要寫在記事本裡面。

就像我在第2章「整理存摺」中提到的，決定每月兩天的領錢日之後，我會在每月一號先領五千，十五號再領出一些錢，把皮夾裡的餘額補足到五千。我會在記事本中寫下領錢的日子：

「○月○日　從銀行領出五千元」

寫下每個月的特殊花費預算

至於生日禮物或慶生餐會的費用、旅遊花費、伴手禮花費等**日常生活以外的「特殊花費」，我則會事先編列每個月的預算**。

特殊花費預算可以寫在記事本中的年度行程表、或是每月行程表的筆記欄。譬如：

一月：一萬元，紅包、護身符、賀年費、新年參拜費

二月：五千元，情人節、兒子生日

了解自己每個月預定使用的金額之後，就能在每月兩次到銀行ATM領錢時，將預定的金額領出。

就算使用信用卡支付，也因爲已經把預算寫在記事本裡，所以能夠減少

超支的情況。

整理記事本後，齊藤小姐的改變

齊藤小姐不知道記帳有什麼意義，總是爲沒有時間也沒有錢而煩惱。

但自從她在記事本中「寫下三件事」後，發生了以下變化。

將行程與「金額」一起寫下之後……

→每次購物時都會自我提醒不超過預算，亂買的情況減少

每個星期天寫下皮夾裡的餘額之後……

→不再毫無計畫隨便安排行程

在「沒有打開皮夾」的日子做記號之後……

→花錢的日子減少了

讓她最開心的是，**自己學會在預算內消費**。她以前都漫不經心地領錢、花錢，所以無法控制金錢，總是因爲突發性的支出而手忙腳亂。

不過，活用記事本讓她用錢時有了明確的目標，她能夠在自己眞正需要時，把錢花在必要的事物上。

而且更重要的是，她開始能夠存錢了。

她終於學會如何控制金錢。

思考自己與金錢的關係時，我們有兩個選項，一個是「讓錢控制自己」，另一個是「自己主動控制錢」。

記事本不只是避免忘掉行程的工具，也是**實現決定好的未來**的工具。

戒掉「漫無目的」的習慣，養成「自己決定」的習慣。

只要做到這點，就能讓生活變得更充實。

能夠累積財富的人，重視這種充實感更勝於金錢本身。自己想要的東西不管多少錢都願意花，但如果是不需要的東西就一毛錢也不會拿出來。

請打開記事本，迅速寫下這三件事情吧！今天就花一天的時間，整理「行程」與「金錢」。

請試著用記事本整理思考與情緒，專注在眞正想做的事情上。請思考什麼才是自己重視的事情，並將其寫進記事本裡。

這麼一來，記事本就能成爲描繪自己人生藍圖的重要助手。

第 5 章

整理負債

七天內一口氣整理好

每個月零零總總的扣款

房子裡有些地方會不知不覺長出塵蟎或黴菌吧？像是浴室的抽風扇、空調的濾網、洗衣機裡面……

如果沒有特別留意這些眼睛看不見的地方就會疏於打掃，導致看不見的塵蟎與黴菌在房子裡蔓延，危害我們的健康。

這些眼睛看不見的塵蟎與黴菌，其實也會化身爲負債，藏匿在金錢的通道中。

「不……我沒有借錢。」

即使是這樣的人也不能忽視看不見的債務。

不要說房貸了，你難道沒有資費過高的手機費、理賠內容重複的壽險、或是雖然申辦卻不怎麼看的有線電視嗎？

你或許會心想「這些不是負債吧？」

但是，「無意識」的固定扣款，將奪走自己五年後、十年後的金錢，這就是負債。

「借錢」是一種「主動奪走未來財富」的行爲，因爲還錢會減少未來的收入。

固定扣款會把無意識間持續支付金錢變成一件理所當然的事情，甚至有可能讓我們在回過神來時，才發現自己陷入經濟困境。眼睛看不見的扣款將會侵蝕金錢通道，擾亂我們的生活。

因爲這不是把現有的金錢用在目前的生活中，而是預支未來的金錢過現在的生活。

這麼做不會擁有光明的未來。

我們雖然也需要考慮二十年後、三十年後的老年生活，但**了解目前的負**

債狀況更是重要。

自己對於負債一無所知，將帶來顛覆性的變化。

有些人一聽到「負債」兩個字就會摀住耳朵。

所以他們在生活中也一直不去看自己在不知不覺間自動扣繳的款項。

也有人把「關於錢的事情都交給老公」。但負責理財的老公，也可能對負債毫無自覺。

對「自己不知道的事情」沒有自覺的人，不會主動學習，未來的日子也將持續爲金錢所苦。

與其擔心未來，還不如把眼光轉向目前的現狀。

了解自己不知道的事情將成爲整理負債的開端。

整理「看不見的花費」

「我必須賺取孩子的補習費才行。」

說出這句話的加納理香，育有十五歲與十三歲的孩子，老大正準備考高中，所以每個月需要二萬元的補習費。

加納太太手邊的負債總共有三筆，分別是十年前以一千萬買下的房子的**房貸**、老公買來通勤的汽車的**車貸**、以及購買電腦與冷氣時欠下的**卡債**。

付完這三筆貸款之後，還必須繳交補習費、水電費、手機費，以及給孩子及老公的零用錢。最後剩下的錢才是餐費與生活費，所以她每個月都過著拮据的生活。

被各種花費追著跑的加納太太，注意到的只有孩子的補習費、超市採購食材與日用品的費用等**眼睛看得見的支出**。

但是，她首先必須知道，除此之外還有**看不見的支出**存在。

利息的眞面目

我提出下列問題，做爲給她建議之前的開場白。

【問題】假設用信用卡貸款借了五十萬，年利率一八％，每個月還七千五百。請問幾年後可以把這筆錢還清呢？

請各位讀者也一起想想看。

加納太太的答案是：「大概……十年左右吧？」我問她這個數字是怎麼來的，她回答：「一年大概可以還九萬，十年就能還九十萬。年利率一八％的話，感覺還款總額大約會比貸款金額的兩倍要少一點。」

但正確答案是……一**輩子**。

在這樣的條件下，貸款一輩子也還不完。

貸款金額是五十萬，而這五十萬的年利率是一八％。

五十萬×一八％＝九萬。換句話說，每年需繳交九萬利息。

即使每個月還七千五百，一年的還款金額也只有九萬。也就是說，**一整年還的錢只夠繳利息而已，本金一毛錢也沒少**。

所以，借來的五十萬一輩子也還不完。

這就是利息的機制。

實際上，五十萬貸款的每月最低還款額是一萬以上，如果不了解貸款利率，我們就必須長期不斷的支付利息。

戰勝負債的兩種障礙

「一輩子嗎……利息好可怕，我以前很少注意到這件事。我家的房貸利率是多少呢？」

這是加納太太第一次意識到自己的房貸利率吧？以前或許一直都是老公負責。我於是打鐵趁熱，直接了當地建議她：「那就試著去查查你家的房貸利率是多少，並且在一週之內重新評估。同時也趁著這個機會順便檢視你的保險內容。沒問題吧？」

結果加納太太回答：「這……一週之內有點難啊……下個禮拜有孩子的高中說明會，我也約了牙醫……」說完之後，她難爲情似地低下頭。

於是我問她：「你會去超市買東西嗎？」她回答：「會的，我每週會去三次。」

加納太太每週能夠去三次超市，看來時間應該相當充裕。儘管如此，她卻覺得沒有時間在一週內重新評估房貸與保險，這是爲什麼呢？

其實，我們在整理負債時，有兩個難以戰勝的障礙。

分別是**感覺麻痺的障礙**與**自我正當化的障礙**。

在這兩個障礙的作祟下，我們無法立刻展開整理負債的行動。

感覺麻痺的障礙

首先是「感覺麻痺」的障礙，這裡指的是**對金錢的感覺會在高額消費時麻痺，所以不覺得有必要重新評估**。

舉例來說，我們在超市購買一百塊的蔬菜時，就算只便宜十塊也覺得事關重大，但購買三千萬的房子時，如果對方問：「再加五十萬衛浴就能升級，您要不要考慮看看呢？」反而會輕易回答：「那就麻煩你們了。」

消費金額越高，越容易因感覺麻痺而鬆懈。

這點也適用於房貸。買房子是高達數千萬的高額消費，但大家往往會覺得房貸利率是一．五％還是二．五％不是什麼大問題。但**即便只有一％的利率差異，也會大幅改變支付的金額**。

只要重新評估房貸利率，或許就能改善家計。

但加納太太在面對高額房貸時，感覺已經麻痺了，所以對「立刻檢討」心生抗拒。

自我正當化的障礙

每個人都不想因爲自己買下的東西而後悔。**買下的東西越貴，越不願意承認這筆花費的錯誤**。所以人們會找出購買的理由，把自己的行爲正當化。

這就是「自我正當化的障礙」。

這麼做當然沒有錯，但這也確實會成爲抗拒重新評估的主要原因。

房子是一生當中最高額的消費。我們在申請房貸時，或許會請房仲介紹銀行，並且聽從行員的指示，在文件上蓋章。

但房子這麼貴，誰都不願意去想，接受銀行提出的利率，並且在文件上蓋章的自己，竟然有可能判斷錯誤吧？

即便有機會降低房貸的償還總額，我們也提不起勁去調查可能否定自己的判斷的事情。

有意識也好，無意識也好，我們都對「重新評估」心懷抗拒。這不是有沒有時間的問題。

加納太太聽完我對這兩個障礙的詳細說明後，她終於了解癥結所在，也能提起勁來做這件事情。

「你的意思是，與其想著要在超市買便宜十元的蔬菜，還不如去跟銀行討論房貸減少十萬的可能性吧！」

沒錯。這麼做是一口氣整理大筆貸款的開端。

房貸利率一旦決定就不能改變？

加納太太理解了必須戰勝的兩個障礙後，我接著再問她以下問題：

「你家的房貸利率是多少？」

「還款餘額還剩多少？還款期限還有多久？」

「這個嘛……」她一時語塞。

半數以上的人聽到我這麼問，都跟她一樣答不出來。我覺得答不出來也是理所當然的事，因爲誰也不會爲我們詳細說明償還金額的計算方式。

以房貸的情況爲例，銀行只會每年寄一次或兩次還款餘額明細表來。而且上面全都是「固定利率」「浮動利率」「五年固定」「三十五年長期固定利率」等看不懂的詞彙。

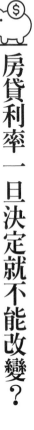

規約與說明的字體都小到不行，彷彿在跟我們說：「請不要看得太仔細」。

貸款給我們的銀行，因爲希望我們就這樣持續貸款下去，所以也不會告訴我們新的方案。即便銀行通知我們「有一個優惠方案」，也幾乎不是「對我們」優惠，而是「對銀行」優惠。

加納太太說：「房子買來就要住一輩子，所以我一直以爲評估房貸也是一輩子只有一次的體驗。」

的確，簽約之後，接下來的三十五年就只要每月扣除固定的金額即可，所以通常也不會想要抱著懷疑的態度重新評估。

貸款還剩多少？

但是，負債正因爲像這樣難以注意到，所以了解貸款利息、每月償還金額、貸款餘額、貸款期間才更重要。

這裡所說的貸款不只房貸，車貸、學貸、卡債、還有購買的保險都包含在內。

首先請從「了解」以下幾個問題的答案開始。

- **貸款餘額還有多少？**
- **目前的貸款利率是百分之幾？**
- **還要幾年才能還清？**
- **該怎麼做才能縮減還款期間？**

保險也一樣。

- **購買的是哪間公司的保險？**
- **壽險、醫療險、損害保險等的理賠內容是什麼？**
- **中途解約有解約金嗎？金額是多少呢？**
- **你曾重新評估過去兩年以內的保險嗎？**
- **你曾重新評估過去兩年以內的手機方案嗎？**

就算答不出這幾個問題，也不需要沮喪。我以前也光是看到「利率」「解約金」「重新評估」這幾個字就心生抗拒。

但是，正因爲如此。

就像如果知道家裡有看不見的塵蟎與黴菌，就會下定決心打掃一樣，只要問自己前面那幾個問題，「了解」負債的眞實情況，就會開始尋找降低償還金額、盡快還清貸款的方法。

光是「了解現狀」，就能豎起減少貸款餘額、縮短還款期間的天線，這麼一來自然容易獲得相關資訊。

成功減少房貸，怎麼辦到？

那麼，有什麼方法可以減少貸款餘額、盡快還清負債呢？

方法之一是**轉貸**。這或許是想要推給老公的事情第一名吧！所謂「轉貸」，指的是**把目前的貸款，換成利率更低的貸款**。這裡特別想跟各位提的是房貸的轉貸。**變更貸款的銀行，就有機會減少還款總額**。

一般會在下列這三種情況下考慮轉貸。

・貸款餘額超過三百萬的情況

・還款期間還剩下十年以上的情況

・利率能夠減少一%以上的情況

但即使貸款餘額剩不到三百萬、利率相差不到一%，轉貸也可能較有利。

根據日本住宅金融支援機構在二〇一四年度的調查，轉貸的人有九成以上成功降低貸款利率。

其中有四成的人在五年以內，三成的人在五年到十年之間轉貸。

加納太太雖然因爲自己對貸款一無所知而大受打擊，但她也打起精神，覺得自己必須面對現實才行！她立刻到信用情報機關調查老公的信用是否毀損，並且上網進行轉貸試算。

她在十年前簽下一筆一千萬元的三十五年房貸契約，現在的還款年限與金額，分別還剩下二十五年、七百八十萬。她原本採取的是三．四％的固定利率，但照這樣下去，要等到老公七十歲時才還得完。而老公的退休年齡是六十五歲。

於是，她開始以**能夠將還款期限縮短爲二十年**、**同時利率也能降低**爲條件，尋找適合的銀行。

她利用網路上的試算結果選出三間銀行，接著前往這些銀行諮詢減少貸款餘額的可能性。

最後，她找到一間願意以一．五五％的固定利率，提供七百八十萬的二十年貸款的銀行。

與銀行協商的技巧

前往銀行協商轉貸時，首先應該找其他銀行諮詢，而不是自己目前貸款的銀行。因爲如果先找目前貸款的銀行協商，銀行可能會爲了阻止你，而跟你說一堆轉貸的缺點。

所以，首先應該前往其他銀行，評估轉貸的可能性。等到審查通過，確定有機會轉貸（利率比現在更低）之後，再掌握轉貸可以省下的金額。

最後以此爲籌碼，前往目前貸款的銀行協商。

「我正在評估轉貸，而且已經知道A銀行願意降低利率了。但我想繼續與貴行往來，所以可以請貴行評估降低利率的可能性嗎？」

特地先申請其他銀行的轉貸審查，就是爲了在與目前貸款的銀行交涉時能夠更順利。

轉貸一般需要手續費。假設利率同樣降低一%，在目前貸款的銀行辦理轉貸，手續費比其他銀行更低的可能性想必不小吧！

再者，因爲之前都有確實還款，也在目前的銀行累積了信用。未來想請銀行幫忙時，對方也比較有可能爲我們設身處地的著想。

對銀行來說，客戶轉貸其他銀行會造成損失，所以他們也想盡可能阻止。

所以，我才建議各位把其他銀行的審查結果當成交涉籌碼，與目前往來的銀行協商轉換成利率較低的貸款。

當然，我們有時也會做出最好不要轉貸的判斷。尤其採取固定利率的人，如果在欠缺考慮的情況下轉貸成浮動利率，就有可能造成損失，即便利率較低也一樣。所以，首先請從了解自己的貸款狀況、找銀行諮詢開始。

爲了在龐大的資訊中做出正確的選擇，不能囫圇吞棗地接受單一銀行的意見，比較其他銀行或其他人的意見也很重要。

現在立刻取消「循環信用」

加納太太使用信用卡的方式也有問題。她的銀行戶頭餘額至少要有三十萬，否則就會覺得不安。她因爲不想把錢從戶頭領出來，所以在需要錢的時候就會使用信用卡的循環信用。

所謂循環信用，指的是刷卡購買商品之後，每個月幾乎只要繳交固定金額的分期付款方式。**雖然實際上需要支付高額利息，但由於每個月只需支付固定金額，所以不管買多少，都很難有負債增加的感覺**。

即便買下高價物品，也無法對不斷增加的利息產生眞實感。送來的帳單明細不容易理解，所以即使負債金額越來越龐大也很難發現。

再者，就算在商店消費時選擇一次付清，上網改成分期支付也非常容易，而且還能獲得五倍點數！也有不少人受到銀行的這類廣告文案吸引，沒有想太多就申請循環信用了。

其中甚至還有以爲自己選擇的是一次付清，卻被銀行自動變更爲循環信用的案例！有些人在申請信用卡時的初始設定就是循環信用，也有人不小心申請成循環信用專用的信用卡。

另外也有在申請各種優惠時，自動被切換成循環信用的情況。

使用循環信用的人，請考慮現在立刻取消。一次付清也好，提高每月支付金額也好，總之必須採取對策。不少人因爲購物的循環信用而被逼入自我破產的境地，**循環信用是一種非常危險的貸款**。

「保險」也會成爲負債？

保險多半也是只要一決定，就不管幾年都是同樣的契約，所以也會成爲眼睛看不見的金流。首先請準備好你的保單，並將下列問題的答案寫在紙上。

- **投保的保險公司名稱是什麼？**
- **投保的保險保費是多少？**
- **保費繳納期間有多久？**
- **投保的被保險者與保險受益人是誰？**
- **保險的理賠內容是什麼？**
- **中途解約有解約金嗎？如果有的話，金額是多少？**

把這些內容寫出來，就能確認保險的理賠內容是否重複，保費是否上漲。

但是在我們的人生當中，一直以來都沒有人教過我們保單該怎麼看。

雖然把保險內容都寫出來了，卻不清楚這些內容對不對、自己加入的保險適不適合。

爲了理解這些看不見的保險內容，**請帶著你的保單，前往保險公司諮詢**。

如今保險業務員幾乎都擁有理財顧問資格，堪稱理財專家。他們爲了推薦新的保險，會仔細地爲我們講解保險內容。

此外，買保險也是一種將來的理財規劃，所以這些業務也會告訴我們，孩子們在五年後、十年後需要花多少錢。

諮詢的方法很簡單，只要這麼問就可以了：「**有沒有辦法可以維持原本的理賠內容，但降低保費呢**？」

有些人或許會認爲這麼做會被推銷新的保險商品，實在很麻煩……但如果眞的有辦法在降低保費的情況下，維持原本的理賠內容，那就賺到了。要是對方只把有利於己的保險推銷給我們，只要解約，並前往其他保險公司做相同的諮詢即可。

更重要的是，這麼做不僅可以學習如何解讀保單，也讓我們有機會思考自己未來的財富狀況。

加納太太帶著保單前往保險公司諮詢的結果，在理賠內容幾乎不變的情況下，每月減少了一千五百元保費，一年可成功省下一萬八千元。

你有徹底檢查過帳單嗎？

加納太太還有另一項她自己也沒發現的負債。那就是**手機的分期付款費用**。她的先生最近以二十四個月的分期付款買下最新機種智慧型手機。

通訊行的專員對加納先生說，如果申請分期付款，每月只要付少少的錢即可，所以加納先生就依言申請了。但這也是不折不扣的貸款。遲繳款項時會被信用情報機關記錄下來，有人甚至因此無法申請房貸。

此外，加納太太查看通訊帳單的詳細內容後，發現了不知不覺間須繳納的款項。

加納太太某天打電話到電信公司，詢問對方關於一般家用網路的申辦與費用問題。

她問對方：「有較爲便宜的申辦方案嗎？」結果對方回答：「目前公司推出一個免費方案，您要不要申辦呢？」她就在推銷之下申辦了。但一年之後，方案的計費方式改變，原本免費的案型，變成每月需要交五百塊。

其實不只是她，很多人都會忽視這些不易察覺的相關支出。手機與網路服務的相關費用，是多數人都容易忽視的金錢漏洞。如果不仔細去看帳單明細，就無法察覺。

例如來電答鈴原本免費變成每月繳納一定金額；只要不主動打電話到電

信公司取消某些服務，帳單上就會出現這筆費用。

避免這些支出的解決方法是，每年一次重新檢視電視、電話、網路的合約書，看看是否埋藏了看不見的費用。

她在下定決心重新檢視通訊費帳單後，發現原本免費的網路費變成要收費這件事，因此辦理解約手續。

整理負債後，加納太太的改變

加納太太整理了這些看不見的負債之後，發生了以下顛覆性的改變。

調查房貸利率、貸款餘額、剩餘年限，並且轉貸之後……

↓大幅減少房貸還款總額

帶著保單前往保險公司諮詢之後……

↓購買保費降低，但理賠內容幾乎沒有改變的新保險

取消了信用卡的循環信用之後……

↓杜絕今後利息膨脹的可能性

檢閱通訊帳單之後……

↓徹底剷除默默侵蝕日常支出的費用

加納太太快速地重新檢視了房貸、保險、通訊費等費用。但不是每個人都能像她這樣下定決心整理負債。不少人無法戰勝負債的障礙，總是心想「下禮拜再開始整理」，最後一拖就是好幾個月。

調查負債既花時間也耗精力，是一件會讓人失去動力的事情。而且擔心與不安也會帶來負面思考。

一旦決定要整理，就在短時間內一口氣完成吧！給自己七天的時間。

一年一次，在決定好的期間內進行負債大掃除。

爲什麼是七天呢？因爲如果想要了解貸款與保險，必須預約諮詢、請對方寄文件來等，而這些都需要時間。尤其是房貸的轉貸，最後也需要一定的時間才能完成所有手續。

但如果費時太久會消耗精神。就算無法全部處理好，也請下定決心一口氣整理清楚，在七天內了解自己的負債全貌。

第 6 章

整理住家

越住越有錢的三法則

家裡亂七八糟，難怪破財

客戶來找我做金錢諮詢時，我都會盡可能去他家拜訪。當然，想要了解對方的個人資訊也是部分原因，但理由不只這點。

因爲從一個人的家裡，可以窺見他對金錢的態度。

佐藤由佳是位四十多歲的家庭主婦，只要看過她家的樣子，就能看見她的問題。

「屋裡亂七八糟的……眞不好意思。」佐藤太太邊說邊招呼我進屋。

「跟其他媽媽之間的人際關係讓我覺得好累。我爲了脫離她們，也想開始嘗試一些新的事情，但是手頭並不寬裕……」

她雖然這麼說，屋裡卻塞滿了東西。

玄關擺著不管怎麼看都是最近剛買的鞋子與皮包。衣櫃裡有一整排的衣服，廚房裡的餐具及鍋子堆積如山，客廳則是ＤＶＤ與書本四散。

這些東西看起來也不像用完沒收的樣子，就只是單純地擺在那裡。

其實，佐藤太太的紓壓方法是「購物」。屋裡四周擺滿爲了紓壓買下的東西，嘴裡卻說著「我沒有錢……」「家裡亂七八糟的……」

家裡亂七八糟不僅會使得精神受到壓迫，同時也是金錢流失的原因。

東西亂擺會產生把「需要的東西」與「不要的東西」混在一起的問題。

結果家裡雖然已經有需要的東西了，腦中卻以爲「沒有」，而又買了新的回來。

重點在於，必須減少物品數量，只留下真正必要的東西。

並且發揮這個東西原有的功能與優點，長期保持這樣的狀態。

最後就能減少不必要的購物，打造出住起來舒適的單純空間。

掌握三大法則，就能打造聚財的家

我建議佐藤太太擬定下列三大法則。

1. **客廳地板不要放東西**
2. **廚房裡的餐具，一人一組**
3. **衣櫃裡的衣服，買一件就丟一件**

爲什麼遵守這三大法則就能把金錢整理好呢？接著就讓我一邊介紹佐藤太太的例子，一邊進行說明吧！

客廳地板不要放東西

「客廳對你來說是什麼樣的空間呢？」

佐藤太太聽到我這麼問，給我的回答是：「全家生活的地方。」對多數人來說，客廳就是和家人一起活動的空間，而且醒著的時候，大部分的時間都待在客廳裡。

但是佐藤太太的客廳裡，有舊的雜誌與大賣場商品目錄、還沒拆封的CD與DVD、空的相框、布滿灰塵的鹿擺飾等，這些沒在用的物品，占據了電視櫃旁、邊桌上、矮桌下等空間。

其實，客廳的狀態也帶給佐藤太太的精神狀態不小影響。亂七八糟的客廳不僅難以打掃，甚至連購物習慣也會受到波及。

- **買回二、三個家裡已經「有」的東西**
- **失去分辨東西用不用得到的能力，買回用不到的東西**
- **買回多餘的東西，只是爲了滿足購物欲**

凌亂的客廳，不知不覺間讓佐藤太太的購物習慣產生不良影響。

爲了改善客廳的狀態，我要求佐藤太太不要在地板上放東西。雜誌、孩子的玩具、書包等物品本身當然不能放在地板上，但除此之外，也要盡可能避免將置物台、櫃子等擺在地板。

「我不相信這樣就能解決金錢問題。」各位或許會這麼想。

但如果客廳地板遭到物品占據，我們就無法想像客廳的整體印象，逛街時看到可愛的雜貨，也不會考慮適不適合，只憑「可愛」，就決定「買回家」。這樣沒有辦法減少浪費。

我有很多客戶光是**不在地板上放東西**，就能感受到劇烈的變化。

原本「看到喜歡的雜貨就立刻買下來」的客戶說，他現在「幾乎不再買了」。因爲他自從把地板收拾乾淨的客廳當成特別的空間後，就很少再爲了紓壓購物。如果地板上不放收納櫃、書櫃，就失去堆放零碎的雜貨與書本的地方，自然能夠收拾整齊。

結果在想要讓房間維持這種狀態的心情作用下，減少了亂買東西的狀況。

客廳收拾整齊，大腦就能記得什麼東西擺在哪裡。

這麼一來，**即使在店裡看到想要的雜貨，也能想像得到是否眞的需要、適不適合客廳給人的感覺**。並且做出「雖然很可愛，但不適合我們家」或是「尺寸太大了」等判斷。

只要不在地板上放東西，購物時就會考慮這個東西是否眞的必要。

我們往往在不知不覺間產生「房間很亂」的感受，並且因此心浮氣躁。但**房間很亂**幾乎是**太常亂花錢**的同義詞。在抱怨沒有錢之前，先收拾客廳的地板吧！這裡是我們主要生活的地方。把客廳確實收拾整齊，就能停止浪費，只生活在必要的物品中。這麼做，金錢的流向也會有所改善。

在「客廳」這個話題的最後，也讓我們聊一下「金錢的場所」。

打火機公司Zippo在二〇一四年針對「失物」進行調查，結果發現，日本人一生當中平均花一千二百五十五個小時在找東西，換算成日數多達五十二天。

前三大失物分別是：

第一名：筆

第二名：現金

第三名：皮夾、零錢包

換句話說，我們會花很多時間在**尋找金錢**，而這也是讓我們覺得「沒錢」的原因之一。

那麼我們該怎麼做，才能避免浪費這些時間，讓自己覺得「有錢」呢？

方法就是**把錢放在固定的地方**。這裡所說的「**錢**」，除了現金之外，還**包括存摺、股票等**。

重點在於把這個地方當成自己「**特別的空間**」。創造出一個特別的空間，就會想要珍惜這個空間與放在裡面的錢。

所以必須**選擇高價的收納容器**。

人們習慣把亂七八糟的東西塞進便宜的容器裡，但如果存摺及現金與這些雜物混在一起，就會讓人缺乏珍惜金錢的意識。

相反的，對於放在高價容器裡的東西，人們在使用前就習慣仔細斟酌。因爲這是特別的空間，收納的是有價值的物品。所以把錢放進高價容器裡，就能讓珍惜金錢的意識萌芽。

附帶一提，佐藤太太選擇將錢擺在客廳的矮桌下面。她說這麼一來，原本對家計一點興趣都沒有的老公，也開始在意存摺與存款的金額。

在全家人都看得到的地方創造特別的空間，就能成爲夫妻一起思考財務的契機。

廚房裡的餐具，一人一組

廚房也和客廳一樣是我們待最久的場所之一。

原本以爲所有餐具都洗乾淨了，不久之後又堆滿了老公和孩子接二連三拿出來的杯子。因爲想要喝牛奶所以拿出玻璃杯、想要喝茶所以拿出茶杯、想要喝咖啡所以拿出馬克杯……

這些未曾被感謝過的餐具，用完之後沒洗乾淨就直接堆在水槽裡……你家的廚房是否也是這樣的光景呢？

佐藤太太家也不例外。她花很多時間在這些家事上，而這也是她感嘆既沒時間也沒有錢的原因之一。

所以，我提議**將餐具的數量減少**。

餐具櫃裡雖然有許多餐具，但裡面應該有很多餐具出乎意料地已經一段時間沒有使用了。有些餐具已經一、兩個月沒用，或許還有一些甚至一整年都沒用過。

「用得到的餐具」與「用不到的餐具」混在一起，正是不斷買回用不到的餐具的主因。

處在這種狀態下的人，如果在店裡看到喜歡的餐具就會立刻買回家，因爲他們無法敏銳地判斷這個餐具是否眞的用得到。

請仔細將餐具櫃巡過一輪。眞正需要的餐具占全體的幾成呢？只占二成左右的情況也不少。

首先請親眼確認用不到的東西有多少，再著手進行只把「用得到的餐具」挑出來的作業。

我的建議是**一人一組餐具**。

湯碗、飯碗、盤子、小盤子、碗公、馬克杯、筷子、湯匙、叉子都每個人各自只留一個。請選出一個眞正喜歡的餐具，剩下的全部丟棄。

這麼做能夠帶來以下這些優點：

- **不再買不需要的餐具**
- **餐具能夠放在餐具櫃中固定位置，整理起來較容易**
- **每餐分量固定，有益健康**
- **老公和孩子不會再一直拿出新的杯子**
- **老公和孩子能夠自己洗餐具**
- **縮短洗碗時間**

一人一組餐具。除此之外，只要再準備裝常備菜的保存容器、招待客人的大盤子、彩繪盤子、刀叉就夠了。招待客人的餐具平常不使用的時候可以收起來。

放棄用不到的餐具時，請把**「如果我沒有這個餐具，現在會立刻去買嗎？」**當成判斷標準。

如果覺得自己不會去買，就代表這個餐具或許並非必要，那麼丟掉也無所謂。

即便出現無論如何都想要的餐具，也請謹記「一人一組餐具」的原則，思考是否就算把目前的餐具替換掉也好想要。如果還是想要，就把現在使用的餐具丟掉，換成新的吧！

附帶一提，下定決心改變廚房的佐藤太太，選出「用得到的餐具」與「用不到的餐具」之後，覺得非常滿足。

但因爲她一次丟掉太多餐具，讓老公與孩子略有微詞……

「沒有湯匙！」

「你把那個餐具丟了嗎？」

「盤子不夠！」……

開始精簡之後才察覺的不只物品，還有家人的心情。

最後，她似乎把老公覺得需要的碗公與大盤子又放回餐具櫃了。所以，在丟掉餐具之前，建議請先與家人商量商量吧！

佐藤太太家的廚房裡，除了餐具之外，還有高麗菜刨絲器、濾油網、防止紅酒氧化的工具、水壺、熱壓三明治機、壽喜燒的鍋子。

這些在「應該會很好用」的想法驅使下購買的商品，和**「總有一天用得到」**的心情，一起把廚房塞得滿滿的。

但是，正因爲這樣更需要整理。

「總有一天用得到」的心情很危險。因爲購物時如果懷著這樣的衝動，就會不斷買下不必要的東西。

請把「總有一天用得到」的心情，變成**「沒有也無所謂」**的心情。這樣用少少的物品就能過生活。如果知道只留必要的物品就能滿足自己的生活，當然也不會再買下多餘的東西。

使用平底鍋與湯鍋時，請帶著可以留給孫子的意識。住在義大利的朋友告訴我，那裡的人比起擁有新的、流行的東西，更喜歡炫耀古老的、長久使用的東西。

所以，他們會很珍惜祖母留下來的平底鍋與湯鍋。用代代相傳的鍋子做菜，似乎也能讓他們產生絕對可以煮得很好吃的安心感。這種被施了魔法般的鍋子不再是單純的鍋子，更像是護身符。正因爲如此，每一代的人都會想要珍惜使用。

廚房裡有能讓孩子或孫子繼承的重要物品，也有最好可以丟掉的東西。**而這些東西的價値，就由我們自己來決定。**

衣櫃裡的衣服，買一件就丟一件

擁塞的衣櫃，也是佐藤太太越來越沒錢的原因。

老公的零用錢是一萬元。

她自己則沒有固定的零用錢，實質上也就是無上限。

所以每到換季的時候，她總是斜眼看著塞得滿滿的衣櫥，就拋下一句「沒有可以穿的衣服」，然後出門購物去。

美國知名行銷顧問丹・甘迺迪曾指出，人在購物時是**用感性下決定，用理性合理化**。

舉例來說，假設你走進百貨公司，看見一件亮眼的春季新裝針織衫。

「哇，好可愛！我好想要。」

興奮的情緒從心底深處湧上來。這種彷彿遇見眞命天子般的亢奮感，令人難以抑制。

「多少錢呢……」翻開吊牌一看，上面寫著八千元……

「好、好貴……」

雖然有瞬間猶豫了一下，但你還是立刻重振心情。

「但如果今天不買的話，或許就沒有第二次機會了。」

「在夏天之前絕對很需要。」

你會像這樣找理由，合理化購買的理由。

原本走進店裡只想隨便逛逛，最後卻買下了一件高價的衣服。因爲你在第一眼看到時，就已經用感性決定購買了，之後只是找理由合理化自己的行爲而已。

回到家之後，就算老公問：「你不是有一件同樣顏色的衣服嗎？」你也會更加合理化自己的購買行爲：「沒有啊，料子完全不一樣。」

爲了像這樣合理化自己的行爲，你會開始爲自己找各種藉口。

但是打開衣櫃一看，衣櫃裡充滿了同樣顏色、同樣材質、同樣款式的衣服。你根本搞不清楚自己衣櫃裡的衣服有哪些、又有幾件，這麼做只會讓衝動買下的衣服塞滿衣櫃而已。

解決方法是買一件就要丟一件。

如果買下一件針織衫，就要丟掉一件現在擁有的針織衫。換句話說，就是把種類相同的衣服丟掉。

重點在於，**東西的數量要隨時保持一定。不是一味增加新的東西，而是把舊的東西替換掉**。

這麼一來，你就會站在「好想買！」的衣服前面，考慮「買了這件之後，該丟掉哪一件才好呢……」於是就不會再隨便買新衣服了。因爲購買前會理性地思考：「對了，我有一件同樣顏色的針織衫，那件還能穿。」

遵守這樣的規則，就能減少基於「好美！好想要！好可愛！」等感性理由的購物。

而且將衣櫃收拾整齊，掌握哪件上衣能夠搭配哪件裙子，也能減少衝動購物的情況。

因爲你能夠在腦中考慮服裝穿搭，理性思考這件衣服應不應該買。

由此可知，把衣櫃收拾整齊不僅能夠穿得更時髦，也能減少不必要的花費，整理金錢。

逛賣場時的心理活動

或許有些人會說：「就算這樣，我還是很喜歡購物，根本戒不掉啊！」這樣的人，如果能夠了解人類逛賣場時的兩種心理活動，或許就能在購物之前冷靜思考。

被特價吸引的心理

大家在購物時，都曾看過特價標籤吧？譬如把「980」劃掉，變成「480」。看到這樣的吊牌往往會讓我們心情愉悅，覺得「太好了，有特價！」並且高高興興地將商品買回家。

這種心理效果稱爲**定錨效應**（Anchoring effect），最先看到的數字或資訊會在我們腦海裡留下印象，成爲購買時判斷的依據。

我們因爲看到980的標價，才會覺得480便宜。購物時必須冷靜思考物品的價值，不能被這樣的心理效果欺騙。

把錢花在目前想要的東西的心理

我們在本能上，有優先考慮眼前利益勝過未來利益的傾向。

這種心理效果會讓我們把錢花在現在想要的衣服上，而不是爲將來存錢。這樣的作用稱爲**短視偏差**，也證明了我們難以抑制「現在馬上想要」的情緒。

如果發現喜歡的洋裝，**請給自己二十四小時的時間，考慮是否眞的有必要買**。說不定回到家之後，會發現衣櫃裡已經有類似的洋裝了。

不節約，也能減少水電費的方法

最後來讓我們談談水電費。

我遇到的客戶很多人都討厭「節約」這兩個字，有些人已經厭倦節約，也有人如果節約反而會因爲反彈而花更多錢，甚至還有人說：「給我錢我就節約啊！」

他們就是那麼討厭「就算忍耐也必須節約」的想法。「爲了省電所以不開冷氣」、或是「爲了省水所以減少泡澡，沖澡也盡量不要沖太久」的想法令人生厭。

我也是這樣的人。忍耐不是長久之計。

電費帶來的溫暖房間。

與孩子一起悠閒泡澡的時光。

慢慢炊煮的美味飯菜。

我不想為了「節約」兩個字，放棄這一切。

所以，我來介紹幾個沒有壓力的水電費整理法。

早晚刷牙的時候使用漱口杯。每天早晚刷牙的時候，用杯子裝水漱口。只要每天減少三十秒把水開著流的時間，一年就能大幅省下水費。

沖馬桶的時候用小號水量。注意這種小事情大家或許會覺得好笑，但以日本為例，用水量大約是全球平均用水量的兩倍。這麼做也能珍惜地球珍貴的水資源。

改用LED照明。根據日本電力比較網站ENECHANGE的試算，如果把家中照明全部改用LED，一間四房兩廳的房子，每人每月大約可省下一千五百四十日圓，一年省下的電費金額是一萬八千四百八十日圓。

冷氣溫度改採自動設定。與其將冷氣開開關關，還不如採用自動設定更能省下電費。自動設定的電費，甚至比設定成弱風還便宜。

整理住家後，佐藤太太的改變

佐藤太太像這樣整理家裡之後，發生了下列變化。

客廳地板不擺東西之後……

→不再每個月花錢購買雜貨

把錢放在固定的地方之後……

→更常跟老公討論錢的問題

實行「一人一組餐具」之後……

↓每天省下五分鐘的洗碗時間，水費也減少了

↓改掉亂買東西的習慣

衣服買一件丟一件之後……

↓每個月治裝費減少

整理水電費之後……

↓有效節省年度日常生活支出

佐藤太太完成了整理住家的挑戰。

原本只要一有壓力就購物的她，人生被多餘的物品耍得團團轉，但現在她發生了很大的變化。

她只是減少多餘的消費，身邊只留必要的物品，讓生活變得更簡單，就能獲得精神上的滿足感。

她說，自己只是減少家裡有的物品，珍惜每一件衣服、每一樣餐具，這些已有的東西，就能讓她開始對每天的生活產生滿足感。這樣的結果出乎她的意料。

現在的她比起購物，對做瑜珈或旅行等體驗更加感興趣。她現在為了在自家開設瑜珈教室，朝取得瑜珈老師資格的目標努力。夢想會在寬廣的客廳中，創造許多的邂逅。

自己在每天的生活當中，最重視的是什麼呢？

為了察覺自己的感受，現在立刻**把整理住家當成一種練習**吧！

整理地板、整理餐具、為衣櫃訂下規矩。從早上開始，花一天的時間一口氣整理完畢。

只要過著單純、仔細的生活，就能感受到物品的價值，也能感受到自己的價值。這正是能夠帶來精神滿足感的原因。

第 7 章

整理老公

他花錢的「原因」是什麼？

氣死人……老公又亂花錢了！

「弟弟結婚包了六萬塊的紅包。」

「出差回來，竟然連幼稚園老師的伴手禮都買了。」

「在三十九元商店把我給他的三千塊零用錢花得精光。」

「把薪水的獎金明細表藏在汽車儀表板中。」

「請他買東西，結果竟然把我沒有要他買的高價物品買回來。」

這些都是我們心愛老公的愚蠢行徑……

不，應該也不算愚蠢吧？

因爲即使是看在老婆眼中的愚蠢，站在老公的立場，這些行動也都有正當的理由。

全世界的老婆看到老公的花錢方式，都會忍不住想要抱怨。所以，大家都想**糾正老公的行爲**。但這個想法中，其實隱藏了巨大的陷阱。

我在前面已經說明了皮夾、存摺、冰箱、記事本等各種「金錢通道」的整理方式，而本書最後想要說明的金錢通道，則是老公。

無論是雙薪家庭還是全職家庭主婦，家用都會透過老公帶進來。如果這條通道暢通無阻，老婆很容易就能控制家用；但如果沒有加以整理，就會產生各種問題。

浪費不用說，甚至還有不少背著妻子債台高築的案例。

本書最後，就一邊爲各位介紹某位因老公的金錢關係而煩惱的女性，一邊說明**整理老公**的方式。

如果夫妻的金錢觀不同……

田邊由加里就因爲老公的花錢方式而煩惱不已。她的煩惱是：「老公每天都在便利商店亂花錢……」

田邊太太的老公喜歡吃甜食。下班後一定會繞到便利商店，買熱咖啡和甜點回家。因爲他會連太太與孩子的份也一起買，所以價格加起來將近三百塊。田邊家每個月光是甜點費就有約六千塊的支出，對她來說是一筆很大的開銷。

「老公很體貼，還記得買東西回來給我們……」

田邊太太原本抱著這樣的想法忍耐老公的行徑。

但不久之後，她找到了存錢的目標。

那就是「蓋一間自己的房子」。
一旦有這個想法，就開始覺得亂花錢的老公很可惡了。
「我為了我們的房子這麼努力存錢，老公為什麼要在便利商店亂花錢呢……這個人怎麼這麼不知輕重！」
田邊太太這樣的想法越來越強烈。但老公還是持續每天買甜點。為了房子拚命存錢的田邊太太，某天終於受不了而爆發了。
「你可以不要再每天亂花錢了嗎？你的薪水又不會變多，再這樣下去，我們永遠蓋不了自己的房子！你知道我每天存錢多辛苦嗎？我可是每天都縮衣節食的忍耐！」
客廳的氣氛降到冰點。如果老公因為這樣不再去便利商店還算好，但他在這之後依然繼續買咖啡與甜點。

來找我商量的田邊太太，吐露了這樣的心聲：「老公反而變得更強硬……」他們的問題，其實出在沒有理解彼此對金錢的價值觀。

想用金錢換取的價值，因人而異

想用金錢換取的價值因人而異。

華倫．巴菲特是世界知名的投資者，也是一名大富翁，他曾說過：「**價格是自己付出的事物，價值是自己獲得的事物。**」

付出金錢就能換取價值。

「價值的定義」因人而異，即使是夫妻也截然不同。如果夫妻無法理解彼此對價值的定義，其中一方就會爆發不滿。

於是，我透過反覆提出「爲什麼」的詢問，引導田邊太太說出她想用金錢換取的價值。

問題：「爲什麼金錢對你來說很重要呢？」

回答：「因爲金錢能讓家人安心、安全。」

問題：「爲什麼讓家人安心、安全很重要呢？」

回答：「因爲我很珍惜家人的笑容。」

問題：「爲什麼家人的笑容很重要呢？」

回答：「因爲這是家人與我的幸福。」

透過這些問題，引導出來的答案是「**金錢就等於家人與我的幸福**」，而田邊太太爲了獲得這樣的幸福，找到「蓋自己的房子」的夢想。她發現這點之後大吃一驚。

田邊太太理解了「爲什麼」的使用方式，回家之後也立刻試著詢問老公。

她必須知道老公爲什麼每天都買甜點與咖啡回家。這樣她才能**理解老公想要透過金錢換取什麼價値**。

田邊太太挑選孩子入睡之後，夜深人靜的時刻，問老公這個問題：

「老公，你覺得錢爲什麼很重要呢？」

「嗯，因爲有錢才有每天的生活費啊。」

「那你覺得生活費爲什麼很重要呢？」

「如果沒有生活費的話，你們也沒東西吃吧。」

「為什麼讓我們吃東西很重要呢？」
「因為讓你們吃好吃的東西，你們也會開心啊。」
她最後引導出來的答案是，對老公來說**「金錢就等於家人的喜悅」**。了解老公想法的她，在那個週末購物時，也順便買了甜點與咖啡給老公。她想要更加理解老公的心情，所以試著採取和老公相同的行動。
結果老公似乎嚇了一大跳，但一臉開心地對她說謝謝。
她發現自己聽到老公道謝時，也覺得很開心。
老公每天在便利商店花錢換取的價值，確實是「家人的喜悅」。
現在回想起來，老公剛開始買甜點回來時，她也打從心底覺得開心。因為老公明明工作很累，卻還惦記著買甜食給自己和孩子。她由衷地向老公表達謝意：「謝謝你！」
她也想起老公常常找她商量，該買什麼伴手禮送給客戶。而老公聽了她的建議，也一定會開心地說：「他們收到這個一定會很高興！」

田邊太太的老公，是個很喜歡讓人開心的人，尤其想讓家人開心。老公每天去便利商店雖然會讓她覺得亂花錢，但對老公來說卻是重要的日課，因爲能夠讓他獲得「家人的喜悅」這個價值。

田邊太太理解這點之後就體會到，**老公不是亂花錢的「敵人」，而是一起實現「蓋房子」這個夢想的重要夥伴**。

她對老公的態度，也從這時開始改變。

讓老公開始存錢的「一句話」

田邊太太原本就有「爲了蓋自己的房子，我必須存錢」的強烈責任感。

她也屬於將家事與育兒全部當成自己的責任的類型，所以對於妨礙自己的人有敵視的傾向。

每天在便利商店亂花錢的老公，就是蓋房子的敵人。

「如果你再這麼亂花錢，我們就一輩子蓋不了自己的房子！」

「我明明這麼努力，你爲什麼要扯後腿呢？」

面對敵人，她說的話自然會變得很嚴厲，但這樣反而讓老公的態度更強硬。

然而，她在理解老公「喜歡讓別人開心」的價值觀之後，對老公說的話也自然而然變溫柔了。

「**我想要自己的房子，但金錢管理很難，所以一直存不了錢。**」

這句話裡面已經沒有對老公的指責，反而更像是**商量**。

田邊太太的老公「喜歡讓別人開心」，所以她這樣商量，老公就會思考該怎麼做才能讓她高興。

對她來說，最大的喜悅就是存下房子的頭期款。而成爲老婆「商量」對象的田邊先生，確實理解了這點。

所以田邊先生將「存錢買房子」當成課題，把原本每天拿去買甜點的錢交給太太存起來。

雖然田邊先生現在依然會每週買一次咖啡與甜點，但其他的日子也都把錢拿去儲蓄了。

夫妻理解彼此「**花錢也想獲得的價值**」之後，就能開始一口氣整理金錢。

整理老公後，田邊太太的改變

田邊太太理解了老公想用金錢換取的價值之後，夫妻吵架的狀況就減少了。

自己覺得有價值的事物，對方不一定也覺得有價值。田邊太太終於發現**尊重彼此的價值觀**最重要。

錢可以用在各種地方，買食物、旅行、支付教育費、買房子……等，使用方式因人而異。

但如果深入追究金錢重要的原因，最後都能得到「爲了幸福」這個單純的結論。任何人需要錢的理由，都不只是爲了買下某樣東西而已。

存錢、花錢的背後，都有想讓自己或他人幸福的心情。

金錢點燃的不是爭執的火苗，而是愛的火苗。

如果能夠把錢花在自己喜歡的事物、能讓自己雀躍的事物上，就能充滿能量，步向充實的人生。

這樣的人無論存錢、花錢都會很開心，也熱愛金錢，因爲他們**把金錢當**

成開創自己人生的重要夥伴。

決定儲存下來的能量該如何使用，也是決定自己今後生活的方向。

請各位身爲老公老婆的你，學著互相理解、尊重彼此的價值觀，並且把錢用在自己珍視的價值上。

因爲**珍惜金錢，也是珍惜自己的人生**。

後記

整理金錢，就是整理人生

「媽媽老是嫌事情很麻煩。」

這是女兒在我煩惱沒錢的時候對我說的話。

當時的我不只沒錢，也沒時間、沒自信，什麼都沒有。每天瞎忙一通，腦袋也亂成一團。在這樣的日子裡，我總是無法脫離「好忙」的想法，所以陷入所有的事情都「很麻煩」的惡性循環。

但在女兒指出這點之後，我就再也不說「很麻煩」了，而是試著改說「沒問題、沒問題，這個做得來」。

就在我採取了一次又一次的行動之後，我開始覺得自己好像真的「沒問題」，什麼都「做得來」。在整理金錢與生活的過程中，我逐漸知道自己該如何做選擇、該看重那些事情。

生活產生秩序，也讓我的心靈產生了秩序。

至今我依然經常想起那段爲錢煩惱的日子。當時的我，缺乏的眞的是「金錢」嗎？現在回過頭來看，當時缺乏的或許不是金錢，而是「自信」。但這份「自信」就在我整理金錢通道時慢慢地建立起來。

現在的你，或許也在沒錢、沒時間、沒自信的混亂日子當中茫然無措，請你務必試著整理金錢通道。如果你被不安與恐懼壓得喘不過氣，請一邊整理混亂的狀態，一邊默念「沒問題、沒問題，這個做得來」。請不要小看自己邁出的一小步，也要對自己選擇的道路懷著信心。

我希望把金錢整理好的你，能夠相信自己，實現夢想。金錢整理的最終目標，就是活出自己的人生。因爲**整理金錢，就是整理人生**。

我希望能夠透過整理金錢，給更多人整理自己人生的機會。希望各位都能相信自己選擇的道路，不斷不斷地持續往前邁進。

Eurasian Publishing Group
圓神出版事業機構
用心與你對話．視野無限寬廣
先覺出版社
Prophet Press

www.booklife.com.tw　reader@mail.eurasian.com.tw

商戰 165

金錢整理：只要收拾存摺、冰箱和另一半，錢會自然流向你

作　　者／市居愛
譯　　者／林詠純
發 行 人／簡志忠
出 版 者／先覺出版股份有限公司
地　　址／台北市南京東路四段50號6樓之1
電　　話／（02）2579-6600．2579-8800．2570-3939
傳　　真／（02）2579-0338．2577-3220．2570-3636
總 編 輯／陳秋月
主　　編／簡　瑜
責任編輯／許訓彰
校　　對／許訓彰．簡　瑜
美術編輯／潘大智
行銷企畫／陳姵蒨．徐緯程
印務統籌／劉鳳剛．高榮祥
監　　印／高榮祥
排　　版／陳采淇
經 銷 商／叩應股份有限公司
郵撥帳號／ 18707239
法律顧問／圓神出版事業機構法律顧問　蕭雄淋律師
印　　刷／祥峯印刷廠
2017年6月 初版
2023年6月 19刷

OKANE WO TOTONOERU

定價 250 元　ISBN 978-986-134-301-3　

環境與物品正是反應著我們的心，整理環境等於整理我們的心。
當我們將皮夾、存摺、冰箱和另一半整理乾淨，就能清楚掌握自己的生活。

——筆記女王 Ada

國家圖書館出版品預行編目資料

金錢整理：只要收拾存摺、冰箱和另一半，錢會自然流向你／市居愛 著；
林詠純 譯. -- 初版. -- 臺北市：先覺，2017.06
208 面；14.8×20.8公分. --（商戰系列 ； 165）
ISBN 978-986-134-301-3（平裝）

1.儲蓄 2.家計經濟學

421.1　　106005987